# VILLE DE PARIS.

# SERVICE MUNICIPAL

DES

# PROMENADES ET PLANTATIONS

EXTRAIT DU CATALOGUE GÉNÉRAL

### DES VÉGÉTAUX CULTIVÉS AU JARDIN FLEURISTE DE LA VILLE DE PARIS

137, Avenue d'Eylau, 137.

# PLANTES DISPONIBLES

A TITRE D'ÉCHANGE.

# ANNÉE 1866.

Le Catalogue N° 3, contenant la Liste générale des Plantes cultivées a l'Établissement, sera expédié à toute personne qui en fera la demande par lettre affranchie.

# VILLE DE PARIS.

## SERVICE MUNICIPAL

### DES

# PROMENADES ET PLANTATIONS

EXTRAIT DU CATALOGUE GÉNÉRAL

DES VÉGÉTAUX CULTIVÉS AU JARDIN FLEURISTE DE LA VILLE DE PARIS

137, Avenue d'Eylau, 137.

## PLANTES DISPONIBLES

A TITRE D'ÉCHANGE.

## ANNÉE 1866.

# AVIS.

## CONDITIONS D'ÉCHANGE.

L'Administration de la ville de Paris adresse aux établissements scientifiques et spécialement aux horticulteurs l'extrait du catalogue des végétaux multipliés en 1866, dans son établissement horticole, destinés à l'ornementation des jardins publics de la capitale.

Afin d'en vulgariser l'emploi, elle offre ces végétaux, à titre d'échange, contre une valeur égale en plantes qui lui paraîtront utiles ou qu'elle ne possède pas.

Les établissements d'horticulture qui ne pourraient offrir, par voie d'échange, des plantes convenant aux cultures de la ville, auront la faculté de faire fournir par un de leurs confrères une valeur égale de végétaux que l'Administration désignera.

Aucune proposition d'achat, payable en argent, ne sera admise par l'Administration.

Les demandes d'échange doivent être adressées, par lettres affranchies, à *M. le Jardinier en chef de la ville de Paris*, 137, *avenue d'Eylau, à Paris.*

## EMBALLAGES ET EXPÉDITIONS.

Les frais d'emballage, établis d'après le prix de revient, seront, ainsi que les frais de transport, à la charge des correspondants.

A moins d'avis contraire, les expéditions seront faites par les chemins de fer, grande vitesse.

Toutes les précautions seront prises pour assurer la bonne arrivée et la parfaite conservation des plantes, qui voyagent *aux risques et périls du destinataire.*

DES

# ÉTABLISSEMENTS HORTICOLES

DE LA VILLE DE PARIS.

---

## PLANTES DISPONIBLES A TITRE D'ÉCHANGE,

## PREMIÈRE SECTION.

**Plantes nouvelles livrées pour la première fois par l'Établissement.**

### CALADIUM BICOLOR MACROPHYLLUM.

Nouvelle variété à feuillage et à panachures plus grands que l'ancienne variété.
Prix .................. fr.  15  »

### PELARGONIUM ZONALE BARONNE HAUSSMANN. Ville de Paris.

Coloris saumon brillant, forte panicule, très-florifère, supérieure aux variétés connues, surtout pour la pleine terre.     Prix.................. fr.  10  »
les trois.......... 25  »

### PELARGONIUM MADAME ERMENS.

Hybride de Christinus, à fleurs rose vif. Plante naine de premier ordre pour les bordures.     Prix.................. fr.  10  »

### SACCHARUM ÆGYPTIACUM.

Récente introduction de M. Durieux de Maisonneuve, directeur du Jardin botanique de Bordeaux.

Très-belle espèce atteignant de grandes proportions et formant de belles touffes de 4 m. de haut. En pleine terre, pendant l'été, c'est une des plantes les plus ornementales.     Prix.................. fr.  15  »

### WIGANDIA VIGIERII.

Gigantesque espèce acquise par l'Établissement à M. le baron Vigier, amateur distingué de Nice.

Cette belle plante est très-distincte des autres espèces par sa grande dimension : ses belles feuilles, argentées en dessous, atteignent de 90 c. à 1 m. de longueur sur 60 c. de largeur.

Mérite d'être placée au premier rang parmi les plantes ornementales pour la pleine terre l'été.     Prix.................. fr.  25  «

# DEUXIÈME SECTION.

## Plantes rares ou nouvelles.

### AMARYLLIS PROCERA.

Très-grande espèce à fleurs lilas, dont les oignons n'ont pas moins de 30 c. à 70 c. de hauteur.

Nous recommandons tout particulièrement cette belle plante.

Prix : sujets moyens, pièce. fr.  20  »
forts . . . . . . . .   35  »
très-forts . . . .   50  »

### BEGONIA BETTINA ROTHSCHILD.

Très-jolie variété à feuillage velouté rouge-cramoisi en se développant, et à grandes fleurs roses.  Prix . . . . . . . . . . . . . . . . fr.  3  »

### CANNA PREMICES DE NICE (Année).

Variété hybride de l'Annéï ; plante naine et extra-florifère, à grandes fleurs rouge-orange.  Prix . . . . . . . . . . . . . . . . fr.  15  »

### FICUS CHAUVIERII.

Splendide espèce nouvellement introduite par M. Rougier, horticulteur parisien.

Sa végétation vigoureuse et son large feuillage vert clair en feront une plante très-ornementale pour la décoration des jardins en été ; elle remplacera avec avantage le Ficus elastica.  Prix . . . . . . . . . . . . . . . . fr.  20  »

### LEEA EXCELSA (Oreopanax).

Très-belle plante à feuillage ornemental, pour la pleine terre l'été.  Prix . . . . . . . . . . . . . . . . fr.  10  »

### MAÏS JAPONAIS A FEUILLAGE RUBANÉ.

S'élève de 1 m. 75 c. à 2 m.; feuillage large, à rubans blancs, semblable à l'Arundo donax panaché, auquel il est supérieur au point de vue de l'ornement des pelouses.  Prix . . . . . . . . . . . . . . . . fr.  2  »

### MAPPA FASTUOSA (Homalanthus).

Superbe Euphorbiacée (?), à tiges marbrées de rouge et à larges feuilles peltées dont les pétioles sont également marbrées de rouge.

C'est une plante à grande végétation, propre à isoler sur les pelouses; plantée dans un mélange de terre de bruyère et de terre franche, elle ne tardera pas à donner une luxuriante végétation.

Prix.................. fr.  20  »

## NEUROLŒNA NOACKI.

Composée à fleurs blanches à disque jaune; floraison abondante au printemps.

Prix.................. fr.  5  »

## PITHECOCTENIUM AUBLETII.

Bignoniacée nouvelle que l'on dit très-remarquable.

Prix.................. fr.  10  »

## SAURAUJA SARAPIQUENSIS.

La plus belle espèce du genre; à très-grand feuillage teinté de violet; végétation luxuriante.

Prix.................. fr.  40  »

## SPHÆROGYNE CINNAMOMEA.

Beau et ample feuillage glacé, ferrugineux en dessous. L'une des plantes ornementales les plus méritantes de serre chaude.

Prix.................. fr.  30  »

# TROISIÈME SECTION.

***

**Végétaux exotiques à grand feuillage et à très-grande végétation, pour être employés isolés ou en groupes à la décoration des parcs et jardins pendant la belle saison.**

***

## ARALIA PAPYRIFERA.

Plante ornementale, d'une végétation très-vigoureuse ; à planter isolément ou en groupe sur les pelouses, où elle produira le meilleur effet.

Prix.................. fr.   3   »

## ARALIA LEPTOPHYLLA.

Splendide espèce, différente de ses congénères par ses feuilles palmées du plus bel effet.

A planter isolément en terre de bruyère. Prix.................. fr.   5   »

## ARTOCARPUS IMPERIALIS.

Plante d'un très-bel effet, réclamant pendant l'été un compost de terre de bruyère et de terreau.                     Prix.................. fr.   5   »

## ARTOCARPUS INTEGRIFOLIUS.

Placé en pleine terre, l'été, à une exposition chaude, dans un compost de terre de bruyère et de terre franche, et arrosé avec de l'engrais liquide, il deviendra l'un des plus beaux végétaux d'ornement des jardins.

Prix.................. fr.   10   »

## ARUNDO DONAX.

Plante employée pour décorer le bord des rivières et pièces d'eau.

Prix.................. fr.   1   »

## ARUNDO DONAX FOL. VARIEG.

Très-ornemental, mais d'une végétation lente dans nos régions. Il préfère un compost de terre de bruyère et de terre franche.

Prix.................. fr.   2   »

## ARUNDO MAURITANICA.

Espèce très-vigoureuse et rustique.     Prix.................. fr.   1   »

## ASTRAPÆA WALLICHII.

Planter dans un compost riche en humus et arroser copieusement avec de l'engrais liquide pendant la végétation.     Prix.................. fr.   5   »

## BALANTIUM ANTARTICUM.

Fougère arborescente ; plantée à mi-ombre en terre de bruyère, elle atteindra promptement une grande végétation.

En employant cette plante pour la décoration des jardins, on obtiendra des effets inconnus jusqu'ici. Prix : beaux sujets...... fr. 20 »

## BOCCONIA FRUTESCENS.

A planter isolément sur les pelouses où son feuillage glauque et sa végétation luxuriante en feront une décoration du printemps à l'automne.

Prix.................. fr. 3 »

## BŒHMERIA ARGENTEA.

Gigantesque Urticée à planter à mi-ombre ; grand feuillage maculé de blanc d'un bel effet. Prix.................. fr. 1 »

forts.............. 3 »

## BOMBAX CEIBA.

Superbe arbre exotique. Planter isolément sur les pelouses, en terre de bruyère, et arroser avec l'engrais liquide. Prix............... fr. 10 »

## BRACHYGLOTTIS REPANDA (Cineraria repanda).

Plante à large feuillage argenté en dessous ; placée isolément dans un compost de terre franche et de terre de bruyère, elle produira en pleine terre le meilleur effet pendant toute la belle saison. Prix.................. fr. 5 »

## CANNA MUSŒFOLIA GIGANTEA.

Cette variété donne les plus grandes feuilles du genre, elles atteignent quelquefois 1 m. de longueur. Prix.................. fr. 1 50

## CANNA NIGRICANS.

Grand feuillage pourpre foncé ; ses fleurs ressemblent à celles des Gladiolus.

Avec un compost de terreau et de terre franche, et arrosée avec de l'engrais liquide, cette plante atteindra facilement 3 m. de hauteur.

Prix.................. fr. 1 50

## CYATHEA AUSTRALIS.

Fougère arborescente à grande végétation, qui a parfaitement réussi en pleine terre pendant l'été. Prix : beaux sujets...... fr. 20 »

## COCCOLABA EXCORIATA.

Planter isolément en pleine terre pendant la belle saison, dans un compost riche en humus. Prix.................. fr. 3 »

## COLOCASIA ALBO-VIOLACEA.

Belle et curieuse espèce à pétioles panachés de blanc et de vert ; ornementale et d'une belle végétation en pleine terre. Prix.................. fr. 3 »

### COLOCASIA BATAVIENSIS.

Le plus beau et le plus gigantesque de tous les Colocasia, ses feuilles à pétioles violacés atteignent 1 m. 50 c. de longueur. D'un beau port.

Prix : petits............ fr.  1  »
   moyenne force.....   3  »
   extra-forts........   20  »

### COLOCASIA METALLICA (Caladium metallicum).

Très-belle espèce à grandes feuilles couleur métallique; très-ornementale.

Prix................. fr.  4  »

### COLOCASIA ODORUM.

Grande espèce arborescente d'un très-bel effet. A placer en pleine terre isolément ou par groupes dans les endroits un peu abrités.

Prix : selon la force.. fr. 2 à  10  »

### CRESCENTIA MACROPHYLLA.

Placée isolément en terre de bruyère pure dont le sous-sol sera drainé, et arrosée pendant sa végétation avec des engrais liquides, cette superbe plante ne tardera pas à développer son riche feuillage. Prix................. fr. ` 5  »

### CYANOPHYLLUM MAGNIFICUM.

Plante à grand feuillage moiré en dessus, violet en dessous. Pour obtenir une belle végétation en pleine terre l'été, il sera bon, au mois de juin, de la placer en terre de bruyère, sur une couche chaude, à mi-ombre et abritée des vents.

Prix................. fr.  6  »

### CYPERUS PAPYRUS.

A placer dans un sol riche, isolément ou en groupes, soit sur les pelouses, soit au bord des rivières ou pièces d'eau ; arroser avec des engrais liquides pendant sa végétation. Prix................. fr.  2  »
   fort............. fr.  5  »

### DILLENIA SPECIOSA.

Planter dans un mélange de terre de bruyère et de terre franche, assainir le sous-sol au moyen du drainage et arroser avec de l'engrais liquide pendant la végétation. Prix................. fr.  1 50

### DRACÆNA DRACO.

Un des plus beaux et des plus rustiques Dracæna, pour la pleine terre pendant l'été. Au bout de quelques années, le tronc atteint facilement 1 m. 50 c. à 2 m. de hauteur, couronné par une tête formée de nombreuses feuilles de 1 m. 50 c. de longueur.

Planter en terre de bruyère additionnée d'un peu de terre franche.

Prix................. fr.  5  »
   très-forts sujets de 1 m.  20  »

## DRACÆNA INDIVISA.

L'une des espèces les plus ornementales comme plante isolée. La placer en terre de bruyère et l'arroser avec des engrais liquides pendant sa végétation.

Prix . . . . . . . . . . . . . . . . . fr.   5   »

forts . . . . . . . . . . . . .   12   »

## ENTELEA ARBORESCENS.

A grande végétation; la placer isolément dans un sol très-riche et arroser copieusement avec de l'engrais liquide.   Prix . . . . . . . . . . . . . . . . . fr.   1 50

## EUCALYPTUS GLOBULUS.

Plante de l'Australie, acquérant de grandes dimensions sous notre climat (5 m. de hauteur dans une année).

Son feuillage d'un vert glauque blanchâtre, et quelquefois teinté de rose, produit un bel effet dans les jardins paysagers.

Prix . . . . . . . . . . . . . . . . . fr.   1   »

## FERDINANDA EMINENS (Cosmophyllum Cacaliœfolium).

Composée exotique, atteignant de très-grandes dimensions dans notre pays : ses pousses dépassent quelquefois 5 m. de hauteur pendant le cours de la végétation; ses feuilles atteignent jusqu'à 50 c. de longueur. Pour obtenir un grand effet, planter isolément sur les pelouses dans un compost riche, et arroser fréquemment avec de l'engrais liquide.

L'établissement possède un exemplaire âgé de 2 ans, qui mesure 6 mètres de hauteur et dont la tête a 5 mètres de largeur.

Prix : petits sujets . . . . . . fr.   1   »

plus forts . . . . . . . .   3   »

## FOURCROYA GIGANTEA.

Placée isolément sur les pentes, dans les jardins paysagers, cette plante y produira l'effet d'un Agave d'Amérique. Prix : très-forts sujets . . . fr.   50   »

## GASTONIA DIGITATA.

Splendide Araliacée à grand feuillage palmé, porté par de longs pétioles. Planter isolément dans un compost de terre de bruyère et de terreau.

Prix . . . . . . . . . . . . . . . . . fr.   5   »

## GOMPHIA THEOPHRASTA.

Plantée isolément en terre de bruyère à exposition chaude, ses jeunes pousses de couleur rose produiront un bel effet.

Prix . . . . . . . . . . . . . . . . . fr.   10   »

## GREVILLEA ROBUSTA.

Espèce vigoureuse et d'un très-bel effet ornemental; à placer près des bordures des pelouses dans un compost de terre franche et de terre de bruyère. Arroser fréquemment avec de l'engrais liquide pendant la belle saison.

Prix . . . . . . . . . . . . . . . . . fr.   3   »

### GUAREA BRACHYSTACHIA.

Splendide Méliacée dont les feuilles pennées atteignent jusqu'à 1 m. de longueur.                                        Prix .................. fr.  10  »

### HERNANDIA SONORA.

Plante dont le feuillage à centre rouge vif tranche sur les autres végétaux.

Elle se cultive en pleine terre, pendant la belle saison, dans un mélange de terre de bruyère et de terreau. Arroser légèrement avec de l'engrais liquide, et l'on obtiendra un bel effet ornemental de cette superbe Hernandiacée.
                                        Prix .................. fr.  10  »

### HIBISCUS FEROX.

Pour obtenir, l'été, en pleine terre, tout l'effet ornemental dont cette plante est susceptible, il est urgent de la mettre sur couche à mi-ombre et de la garantir artificiellement du soleil. Plantée dans un mélange de terre de bruyère et de terre franche, ses feuilles atteindront 40 c. de diamètre.
                                        Prix .................. fr.  2  »
                                        forts .............    5  »

### JAMBOSA MAGNIFICA.

Planter isolément en terre de bruyère, arroser avec de l'engrais liquide et pincer la plante pour la faire ramifier.  Prix .................. fr.  5  »

### LAPORTEA CRENULATA.

La plus belle des Urticées; placée isolément à une exposition chaude et à mi-ombre, dans un compost riche en humus, et arrosée fréquemment avec de l'engrais liquide, ses feuilles atteindront 1 m. et plus de longueur.
                                        Prix .............. ... fr.  6  »

### LAPORTEA GIGANTEA.

Ne diffère du précédent que par son feuillage rond et pulvérulent.
                                        Prix .................. fr.  3  »

### MAPPA FASTUOSA (Homalanthus).

L'une des plus splendides et riches plantes introduites récemment dans les cultures. Plantée isolément dans un mélange de terre de bruyère et de terre franche, elle acquiert en peu de temps un grand développement. Les larges taches rouges de ses tiges et de ses pétioles la feront placer au premier rang parmi les plantes ornementales.  Prix .................. fr.  20  »

### MELANOSELINUM DECIPIENS.

Ombellifère à très-grande végétation, dont les feuilles atteignent 1 m. de longueur. Planter isolément dans un sol léger.  Prix .............. fr.  3  »

### MELIANTHUS MAJOR.

Plante d'orangerie de la famille des Zygophyllées, abandonnée depuis longtemps; cultivée en pleine terre, elle est aujourd'hui une plante très-ornementale. Son feuillage glauque se détache agréablement sur les pelouses, dans les jardins paysagers.                                        Prix .................. fr.  2  »

## MONTAGNEA HERACLEIFOLIA.

Son port majestueux et son grand feuillage en font une plante indispensable dans les jardins et parcs d'agrément. Elle atteint jusqu'à 5 m. de hauteur.

Prix .................. fr.   1   »
forts ............   5   »

## MONTANOA MOLLISSIMA.

Composée à fleur blanche, formant de très-belles touffes sur les pelouses pendant la belle saison.         Prix .................. fr.   1   »

## NICOTIANA WIGANDIOÏDES.

L'un des végétaux les plus ornementals ; atteignant de 4 à 5 m. de hauteur. Planter dans un sol riche et arroser copieusement avec des engrais liquides.

Prix .................. fr.   1   »
forts ............   4   »

## PERYMENIUM DISCOLOR.

Plantée dans un sol très-riche (terreau de fumier), cette plante formera à l'automne des touffes qui auront 3 m. de diamètre sur autant de hauteur.

Prix .................. fr.   1   »

## PHYTOLACCA DIOÏCA (Bella sombra du sud de l'Italie).

L'un des végétaux les plus remarquables par sa rapide végétation et par la grande dimension qu'atteint le tronc ; il n'est pas rare de voir des sujets ayant 30 c. de circonférence, dès la fin de la première année. Cet arbre est très-facile à conserver en orangerie.         Prix .................. fr.   1   »

## POLYMNIA MACULATA.

Plantée isolément dans un sol très-riche en humus, elle ne tardera pas à développer des touffes qui atteindront à l'automne 2 ou 3 m. de diamètre et se couvriront pendant deux mois de nombreuses fleurs jaunes.

Recommandée pour l'ornementation des grands parcs.

Prix .................. fr.   1   »

## PTEROSPERMUM ACERIFOLIUM.

Placée isolément en terre de bruyère, dans l'endroit le plus chaud du parc, elle produira des touffes de plus de 2 m. de hauteur. Ses larges feuilles, blanches en dessous, la feront placer au premier rang des plantes d'ornement.

Prix .................. fr.   6   »

## RHOPALA CORCOVADENSIS.

Superbe plante à grand feuillage vert en dessus et rouge ferrugineux en dessous. A planter en terre de bruyère pure avec drainage. Elle préfère une exposition à mi-ombre.

Prix .................. fr.   6   »

## RHOPALA GLAUCOPHYLLA.

Diffère du précédent par sa rusticité et son feuillage pubescent et blanchâtre.

Prix .................. fr.   5   »

### SINCLAIREA VIOLACEA (discolor).

Plante à feuillage blanc argenté en dessous. Placée en terre de bruyère par groupes de 5 ou 6 sujets, elle sera très-décorative.

Prix. . . . . . . . . . . . . . . . . fr.   2  »

sujets forts. . . . . . . .   5  »

### SAURAUJA ASSAMICA.

Semi-ligneuse, à grande végétation, feuillage argenté en dessous ; très-ornementale, demande à être plantée dans un compost de terre de bruyère et de terre franche et arrosée pendant le cours de la végétation avec de l'engrais liquide.　　　Prix. . . . . . . . . . . . . . . fr.   3  »

### SAURAUJA MOLLIS.

Semi-ligneuse, à feuillage très-grand et d'un beau vert.
Cette plante peut atteindre 2 m. 50 c. dans une seule végétation.

Prix. . . . . . . . . . . . . . . . . fr.   4  »

### SAURAUJA SARAPIQUENSIS.

Espèce nouvelle, à grand feuillage plissé, teinté violet. Planter isolément, sur couche si c'est possible.　　　Prix. . . . . . . . . . . . . . . . . fr.   40  »

### SCIADOPHYLLUM PULCHRUM (Aralia pulchra).

Une des plus belles et des plus rustiques Araliacées, pour la pleine terre pendant la belle saison. Placée soit en groupes, soit en massifs, en terre de bruyère, elle réussira assurément.

Un massif de cette plante, fait en 1865 au parc Monceaux, a été très-admiré.

Prix : jeunes sujets. . . . . fr.   6  »

plus forts . . . . . . . .   15  »

### SOLANUM AURICULATUM.

Très-grande espèce sans épines, tiges sous-frutescentes, grandes feuilles ovales-oblongues, laineuses, d'un vert gai, plus blanches en dessus ; à l'aisselle des feuilles : fleurs en corymbe, petites, violacées ; baies globuleuses, jaunâtres. Plante ornementale, remarquable par sa belle végétation.

A isoler ou à grouper sur les pelouses　　Prix. . . . . . . . . . . . . . . . . fr.   1  »

### SOLANUM BETACEUM.

Superbe espèce, atteignant 3 m. de hauteur ; tiges frutescentes, droites, vertes, maculées de gris et herbacées au sommet ; feuilles condiformes d'un pied et plus de longueur, épaisses, luisantes en dessus ; fleurs blanches rosées, baies grosses, d'abord vertes-jaunâtres et ensuite rouges.

Espèce très-ornementale, d'un très-bel effet, en forts pieds isolés ou groupés.

Prix. . . . . . . . . . . . . . . . . fr.   1  »

### SOLANUM BETACEUM PURPUREUM.

Variété du précédent, à feuilles pourpres.

Prix. . . . . . . . . . . . . . . . . fr.   1  »

### SOLANUM CALYCARPUM.

Très-belle espèce épineuse, à tiges, pétioles et feuilles revêtus d'un duvet violacé, surtout aux extrémités; feuilles très-grandes, cordiformes, aiguës, à larges dents, presque gaufrées et plus épineuses en dessous qu'en dessus; calice violet non épineux, fleurs violettes.

Belle plante ornementale atteignant 1 m. et plus de hauteur.

Prix ................. fr.   1   »

### SOLANUM CRINITUM.

Superbe plante de la Guyane, à tiges frutescentes, velues et épineuses, épines violettes à la base et blondes au sommet; feuilles très-grandes, épaisses, ridées, d'un vert plus foncé en dessus qu'en dessous, et à nervures violacées en dessus; les jeunes feuilles, très-velues, sont d'un vert pâle; fleurs grandes, blanches et à cinq divisions.                                                      Prix..... ............. fr.   3   »

### SOLANUM ENEODONTUM.

Grande espèce à tiges vertes, duveteuses, purpurines dans quelques parties, et revêtues de grosses épines éparses; feuilles grandes, laciniées-dentées-sinueuses (9 dents), molles, pubescentes, plus foncées en dessus; sommité revêtue d'un duvet fauve.

Belle plante d'ornement, remarquable par un noble port et une forte végétation. A isoler ou à grouper sur les pelouses. Prix................. fr.   1   »

### SOLANUM GIGANTEUM.

Espèce sous-frutescente, épineuse, tomenteuse et blanchâtre; feuilles lancéolées, grandes, accompagnées de plus petites naissant à leur aisselle; fleurs en corymbe, nombreuses, petites, pourpre-violet.

De forts sujets de cette plante produisent un bel effet pour la décoration des jardins paysagers.                                          Prix................. fr.   1   »

### SOLANUM LACINIATUM.

Grande espèce non épineuse, à tiges succulentes, sous-frutescentes à la base, sillonnées; feuilles pinnatifides, à lobes linéaires-lancéolés, le terminal allongé; quelques feuilles entières, linéaires-lancéolées; fleurs bleues, grandes, à cinq divisions; baies sub-globuleuses, déprimées, jaunâtres.

Très-belle plante ornementale, remarquable par sa végétation luxuriante; à placer isolément en terre substantielle.          Prix............. fr.   1   »

### SOLANUM MACRANTHUM.

Très-grande espèce pouvant produire dans l'année des pousses de 4 m. de hauteur. Son grand feuillage à larges divisions en fera l'une des plantes les plus ornementales et des plus recherchées pour les jardins.

Planter isolément en compost riche en humus et arroser souvent avec de l'engrais liquide.                                          Prix................. fr.   2   »

### SOLANUM MARGINATUM.

Arbrisseau de plus de 2 m. de hauteur, épineux, rameaux supérieurs tomenteux et recouverts d'une pulvérulence blanche; feuilles épineuses, presque cordiformes, sinueuses-lobées-obtuses, tomenteuses, blanches dans le jeune âge, puis verdâtres avec une bordure blanchâtre en dessus. Pétioles, pédoncules, pédicelles, calices blancs, tomenteux ; fleurs grandes, blanches, avec une petite étoile pourprée au centre ; baies globuleuses, jaunes, pendantes.

Ses tiges et son grand feuillage argentés produisent un effet admirable dans les jardins paysagers. Prix.................... fr.   » 75

## SOLANUM ROBUSTUM.

Très-belle espèce épineuse, s'élevant à 2 m. de hauteur. Tige revêtue d'un duvet blanchâtre et fauve, ailée, ainsi que les pétioles, par la décurrence des feuilles, qui sont très-grandes, veloutées et revêtues, surtout dans leur jeunesse, d'un duvet roux éclatant. Inflorescences scorpioïdes. Fleurs petites, d'un blanc jaunâtre.

C'est une plante très-ornementale et recommandable par sa rusticité.

Prix.................... fr.   1  »

## SOLANUM SIEGLINGII.

Grande espèce sous frutescente, atteignant 3 m. de hauteur. Tiges vertes, sillonnées, revêtues d'un duvet rude et munies d'épines à large base, brunes au sommet. Feuilles très-grandes, condiformes, lobées, molles, tomenteuses, un peu visqueuses et armées d'épines vertes.

Ce Solanum est remarquable par sa belle végétation et par le magnifique effet qu'il produit, placé soit en groupes, soit isolément sur les pelouses.

Prix............... ... fr.   1  »

## SOLANUM WARSCEWICZIOÏDES.

Espèce nouvelle à très-grand feuillage ; plante extra-ornementale.

Planter isolément dans un compost riche en humus, et arroser fréquemment d'engrais liquide. Prix.................. fr.   3  »

## SPARMANNIA AFRICANA.

Très-ancienne plante cultivée jusqu'à ce jour en pots ou en caisses, où elle ne produit que peu d'effet. Placée l'été en pleine terre, dans un compost de terreau et de terre franche, avec arrosages abondants d'engrais liquides, elle sera une plante très-ornementale pendant toute la belle saison.

Prix.................. fr.   1  »

## SPATHODEA GIGANTEA.

Plante vigoureuse à grand feuillage léger. Planter en terre de bruyère, par groupes de trois, à 1 m. de distance. Prix.................. fr.  10  »

## STADMANNIA AUSTRALIS.

A très-grande végétation et à feuillage ornemental. Méritant de prendre rang parmi les plus beaux végétaux pour l'ornement des jardins pendant l'été.

A planter en terre de bruyère pure. Prix.................. fr.   8  »

## STERCULIA ACUMINATA.

Très-bel arbre de l'Afrique septentrionale. Planté en terre de bruyère, il végète très-vigoureusement ; son port et son feuillage en feront une belle plante ornementale pour les jardins pendant l'été. Prix.................. fr.   6  »

## TERMINALIA MOLLIS.

A très-grande végétation et à grand feuillage vert clair, rameaux horizontaux.
Planter dans un mélange de terre de bruyère et de terre franche.

Prix.................. fr.   6  »

## THEOPHRASTA IMPERIALIS (Curatella).

L'un des plus beaux végétaux à cultiver l'été en pleine terre. Planté dans un
mélange de terre de bruyère et de terre franche, il développera, pendant la
belle saison, des feuilles de 75 c. à 80 c. de longueur.

Prix : très-beaux exemplaires, fr.   30  »

## UDHEA BIPINNATA (Montagnea elegans. Kock).

Plante rustique produisant beaucoup d'effet en pleine terre. Placé dans un sol
riche, un exemplaire a atteint, pendant l'année 1865, 3 m. de hauteur sur
autant de largeur.

Prix .................. fr.   1  »

sujets forts........   3  »

## URTICA ARBOREA.

A planter en groupes ou en massifs à mi-ombre, pour produire un bon effet.

Prix.................. fr.   1  »

forts............   3  »

## VERBESINA ALATA.

Placée isolément dans un sol riche, celte plante formera de très-fortes touffes
qui fleuriront à l'automne.

Prix.................. fr.   1 50

forts............   3  »

## VERBESINA GIGANTEA.

A très-grande végétation et à grand feuillage ; placée isolément, cette plante
atteindra, pendant le cours de la belle saison, 1 m. 50 c. à 2 m. de hauteur, e t
produira le meilleur effet.

Prix.................. fr.   2  »

forts............   5  »

## VERBESINA SARTORII (pinnatifida).

Espèce formant de très-forts buissons, s'élevant à 2 m. de hauteur ; la placer
dans un mélange de terreau et de terre de curures de rivière ou pièce d'eau ;
arroser en abondance pendant la belle saison. Recommandable.

Prix .................. fr.   2  »

forts ............   6  »

## WIGANDIA CARACASANA.

A planter isolément ou par groupe de trois dans un sol très-riche, pour produire un bel effet.

Prix.................. fr.   1  »

forts............   3  »

## WIGANDIA URENS.

A feuillage plus arrondi que le précédent.

Prix................ fr.   1   »
forts...........         3   »

## WIGANDIA VIGIERII.

Gigantesque espèce, acquise par l'Établissement à M. le baron Vigier, amateur distingué de Nice.

Cette belle plante est très-distincte des autres espèces par sa grande dimension ; ses belles feuilles, argentées en dessous, atteignent de 90 c. à 1 m. de longueur sur 60 c. de largeur.

Mérite d'être placée au premier rang parmi les plantes ornementales pour la pleine terre l'été.                Prix................ fr.   25   »

## XYLOPHYLLA LATIFOLIA.

Très-belle Euphorbiacée, beau feuillage. Plante ornementale ; la placer isolément en terre de bruyère, et avoir soin de pincer souvent l'extrémité des rameaux pour les faire ramifier.                Prix................ fr.   2   »

## XYLOPHYLLA MONTANA.

Plus gracieuse que la précédente, à feuilles plus fines. Employée pour la pleine terre en été et pour les appartements en hiver.

Prix................ fr.   2   »

# QUATRIÈME SECTION.

## Végétaux exotiques à grand effet, pour être employés en corbeilles ou en massifs dans les parcs et jardins.

### ABUTILON AURANTIACUM.

Espèce très-florifère, de moyenne grandeur, à planter en corbeilles ou petits massifs.                    Prix................. fr.  1  »

### ABUTILON DUC DE MALAKOFF.

A planter en pleine terre, en massif; c'est la plus grande du genre..
                               Prix................. fr.  1  »

### ABUTILON TONELLIANUM.

De moyenne grandeur, à très-belles fleurs roses. Plante florifère. Doit être plantée en petits massifs ou corbeilles.      Prix................. fr.  2  »

### ABUTILON VEXILARIUM.

En pleine terre, cette plante sera d'une grande ressource par sa floraison abondante; elle formera à l'automne de très-jolies corbeilles ou de petits massifs.
                               Prix................. fr.  2  »

### ACANTHUS LUSITANICUS (Acanthus latifolius).

Très-jolie et rustique espèce, à placer en groupes rapprochés de 3 ou 5 sur les pelouses; elle développera tout le luxe de végétation qui lui est propre, plantée dans un sol riche en humus, et arrosée d'engrais liquides pendant sa végétation.
                               Prix................. fr.  1  »

### ALLAMANDA NERIIFOLIA.

Superbe espèce, semi-ligneuse, formant en pleine terre de jolis petits arbustes de 1 m. de hauteur; se couvrant de fleurs jaune-orange. A planter isolément en terre de bruyère, mélangée de terre franche. Prix................. fr.  2  »

### ARALIA RETICULATA.

D'une faible végétation, cultivée en pots; placée en pleine terre, soit par groupes de 5 ou 7, ou en petits massifs, dans un compost de terre de bruyère et de terre franche, ses feuilles atteindront jusqu'à 50 c. de longueur sur 10 c. de largeur.
                               Prix................. fr.  3  »

### ARALIA SIEBOLDII.

Espèce très-rustique en pleine terre; d'un beau port et à feuillage luisant.

3

Placée par groupes sur les pelouses, ou en petits massifs, dans un compost de terre de bruyère mélangée de terre franche, cette superbe Araliacée est très-recommandable. Prix.................. fr.  2  »

### ARTANTHE CORDIFOLIA.

Piperacée à très-grand feuillage ornemental. Cette plante, placée à mi-ombre, en terre de bruyère, atteindra un grand luxe de végétation.

Prix.................. fr.  5  »

### BLECHNUM BRASILIENSE.

Fougère arborescente du Brésil, plantée à l'ombre en terre de bruyère, soit en groupes ou en massifs, elle réussit parfaitement ; sa forme et sa végétation en feront une belle plante ornementale. Prix.................. fr.  2  »

forts...............  4  »

### BŒHMERIA ARGENTEA.

Urticée à grande végétation ; plantée à mi-ombre en terre de bruyère et terre franche, avec arrosements pendant sa végétation, elle atteindra ainsi tout le développement ornemental qu'on peut désirer.

Prix.................. fr.  1  »

### BRYOPHYLLUM MACROPHYLLUM.

Plante curieuse à feuillage charnu, pouvant donner naissance à d'autres individus, même étant placée au plafond d'une maison. Planter isolément en terre de bruyère. Prix.................. fr.  1  »

### BUDDLEIA CURVIFOLIA.

Placée isolée en terre riche d'humus, elle formera à l'automne de forts buissons qui se couvriront de jolies fleurs jaune-orange.

Prix.................. fr.  1  »

### BUDDLEIA MADAGASCARIENSIS.

Belle espèce voisine de la précédente ; même culture et même emploi.

Prix.................. fr.  1  »

### CANNA WARSCEWICZIOÏDES.

Espèce vigoureuse de moyenne grandeur, fleur orange, très-florifère. A planter en massifs. Prix.................. fr.  » 50

### CANNA ZEBRINA.

L'une des plus belles espèces, décorative, à feuillage zébré de pourpre. A planter en massifs. Prix.................. fr.  » 50

### CANNA ZEBRINA NANA.

Ressemble à la variété précédente, mais est beaucoup moins haute ; à employer pour border les massifs de Canna. Prix.................. fr.  » 50

la douzaine.......  5  »

les vingt-cinq.....  9  »

## CASSIA FLORIBUNDA.

Très-belle espèce, florifère, formant de beaux buissons de 1 m. 50 c. à 2 m.,
soit isolée, soit en massif.                   Prix : petits ........... fr.    » 75
                                         moyenne force....    1   »
                                         forts sujets.......    2   »

## CASSIA LŒVIGATA.

Espèce vigoureuse, se couvrant de fleurs à l'automne ; propre à faire de grands
massifs.                   Prix................. fr.   1   »

## CASSUARINA LEPTOCLADA.

Plante à végétation vigoureuse ; convient principalement pour les petits jardins
ou squares.                   Prix................. fr.   1 50

## CINERARIA ACERIFOLIA.

Espèce rare, formant de beaux buissons ramifiés.
                          Prix................. fr.   1   »

## CINERARIA PLATANIFOLIA (Senecio petasites).

Très-ancienne plante, qui mérite d'être placée au premier rang parmi les
plantes ornementales. Doit être placée dans un compost de fumier et de terre
végétale.                   Prix................. fr.   1   »
                                    forts.............    2   »

## CLERODENDRON BUNGEII.

Plantée en terre de bruyère, cette espèce forme de fortes touffes couvertes
d'ombelles de fleurs roses du printemps à l'automne. Prix......... fr.   1 50

## COLEUS BLUMEI.

Très-jolie espèce, à planter à mi-ombre en corbeille.
                        Prix................. fr.   » 75
                               les douze........    6   »

## COLEUS VERSCHAFFELTII.

Plante pour les corbeilles de terre de bruyère ; son feuillage rouge foncé ressort
agréablement au centre d'une bordure de plantes à feuillage d'une autre nuance.
                        Prix................. fr.   » 50
                               la douzaine.......    5   »
                               les vingt-cinq.....    9   »
                               les cinquante .....    16   »

## COLEUS VERSCHAFFELTII VAR. MARMORATUS.

Très-belle variété du précédent, à feuillage moiré.
                        Prix................. fr.   » 50
                               la douzaine.......    5   »
                               les vingt-cinq .....    9   »
                               les cinquante......    16   »

## CORDYLINE CONGESTA (Dracæna).

Plante rustique à placer en corbeilles de terre de bruyère; son feuillage mince et allongé en fait une belle plante ornementale.

Prix.................... fr.    1   »

forts............    2   »

## CORDYLINE ENSIFOLIA.

Variété de la précédente, à feuillage plus allongé, même culture.

Prix.................. fr.    1 50

forts............    2   »

## CRAMBE CORDIFOLIA.

Crucifère à très-grand feuillage, formant de fortes touffes; à placer auprès des rochers.                    Prix.................. fr.    1   »

## CYRTANTHERA MAGNIFICA.

Belle espèce, à longs épis rouges, fleurissant abondamment; peut être employée avec succès en corbeilles.        Prix.................. fr.    »  50

la douzaine........    5   »

les vingt-cinq .....    9   »

## DATURA ARBOREA.

Élever à tige; placer isolément en groupe de trois, activer la végétation aux mois de juin et juillet, laisser ensuite souffrir la plante par la sécheresse, elle se couvrira de fleurs jusqu'à l'automne.    Prix.................. fr.    1   »

forts........·.....    2   »

## DATURA SUAVEOLENS.

Même culture que la précédente; s'élève un peu moins haut.

Prix.................. fr.    1   »

forts............    2   »

## DRACÆNA AUSTRALIS.

Placée en terre de bruyère en groupes ou en massifs, c'est l'une des plus belles plantes pour la pleine terre pendant l'été.    Prix.................. fr.    2   »

## DRACÆNA BRASILIENSIS.

A planter en terre de bruyère en massifs et à mi-ombre; il forme un bel ornement pendant la belle saison.        Prix.................. fr.    1   »

forts............    2   »

## ENTELEA PALMATA.

Malvacée formant de très-jolis buissons, placée sur les pelouses. Sa floraison, abondante à l'automne, en fera une plante d'ornement pour les petits jardins.

Prix.................. fr.    1   »

## ERYTHRINA CRISTA-GALLI.

Les Erythrines, par leur abondante floraison (de fin de juin jusqu'aux gelées), par leur culture facile, seront admises dans tous les jardins. Plantées en massifs ou en corbeille de terre de bruyère (les forts exemplaires plantés isolément), arrosées d'engrais liquides pendant leur végétation, on en obtiendra tous les résultats que peuvent faire espérer d'aussi jolies plantes.

Prix.................. fr.  1  »
les douze.........  10  »
les vingt-cinq.....  18  »

### ERYTHRINA FLORIBUNDA.

Plus naine que la précédente ; floraison très-abondante.

Prix.................. fr.  1  »
la douzaine.......  10  »

### ERYTHRINA RUBERRIMA.

Très-belle espèce à fleurs rouge vif, de grandeur moyenne ; la plus jolie pour les corbeilles.

Prix.................. fr.  1  »
la douzaine.......  10  »

### FICUS COOPERII.

Très-belle espèce à nervure rouge, d'un bel effet plantée en corbeilles ; très-recommandable pour la pleine terre.

Prix.................. fr.  1 50
la douzaine.......  17  »

### FICUS ELASTICA.

L'un des plus beaux et des plus rustiques végétaux pour la pleine terre pendant l'été ; planter les forts pieds isolément, et les moyens en corbeilles de terre de bruyère.

Prix.................. fr.  1 50
les douze .........  17  »
forts, l'un........  5  »

### FICUS GLUMACEA.

A feuillage vert clair et à pétioles plus allongés que l'Elastica ; réussit aussi très-bien en pleine terre.

Prix.................. fr.  2  »

### FICUS LEUCONEURA.

Admirable espèce à très-grand feuillage, nervé de blanc, très-décoratif en pleine terre et d'une végétation luxuriante, si on a soin de l'arroser avec de l'engrais liquide.

Prix.................. fr.  2  »

### FICUS NEUMANNII.

Gigantesque espèce à feuillage allongé, à planter de préférence isolément.

Prix.................. fr.  3  »

### FICUS NOBILIS (Porteana).

Nouvelle et grande espèce, dont le feuillage acquiert jusqu'à 50 c. de longueur ; réussit parfaitement en pleine terre de bruyère mélangée de terre franche ; arrosements d'engrais liquide pendant la végétation.

Prix.................. fr.  3  »

## HEBECLINIUM GIGANTEUM (Macrophyllum).

Très-belle espèce vigoureuse , à planter isolément ou en groupes ; relevée à l'automne, elle fleurit abondamment pendant tout l'hiver.

Prix.................. fr.   1  »

## HEDYCHIUM ANGUSTIFOLIUM.

Planté en massifs de terre de bruyère, avec arrosements fréquents d'engrais liquides, il développera, vers la fin de l'été, de magnifiques épis de fleurs jaune-orange.                           Prix.................. fr.   1  »

## HEDYCHIUM FLAVESCENS.

Espèce très-vigoureuse en pleine terre , mais peu florifère, propre à garnir l'intérieur des massifs ou corbeilles de grands végétaux.

Prix ................... fr.   » 75

## HEDYCHIUM GARDNERIANUM.

Très-belle espèce vigoureuse et à très-grandes fleurs ; même effet que le précédent, en corbeilles ou en forts groupes.  Prix.................. fr.   1  »

## HEDYCHIUM PURPUREUM.

Espèce encore rare, d'une luxuriante végétation et à floraison superbe.

Prix.................. fr.   3  »

## HEDYCHIUM THYRSIFORME FOL. VAR.

Espèce vigoureuse, à feuillage panaché, d'un très-bel effet. Plante encore rare.

Prix.................. fr.   3  »

## HIBISCUS COOPERII.

Plante à feuilles panachées de rose et de blanc, nouvellement appliquée à la décoration des jardins pendant la belle saison ; plantée en massifs ou en corbeilles de terre de bruyère, elle se couvre de nombreuses fleurs rouges.

Prix.................. fr.   2  »

## HIBISCUS LILIIFLORUS.

C'est la plus belle espèce du genre et la plus ornementale pour la pleine terre ; en ayant soin de conserver les vieux pieds, on aura en peu d'années de très-forts sujets qui se couvriront de fleurs pendant tout l'été.

Prix ................. fr.   1  »
la douzaine ....... 10  »
très-forts exemplaires de 1 m. 50 à 2 m. de hauteur.   15  »

## HIBISCUS PUNICEUS.

A fleurs rouge foncé. Même emploi que le précédent.

Prix ................. fr.   1  »
la douzaine........ 10  »

## LEEA EXCELSA (Oreopanax).

Très-belle Araliacée, à feuillage léger ; planter en terre de bruyère mélangée de terre franche, arrosements liquides pendant la belle saison.

Prix ............. ..... fr.   3  »

### LEONITIS LEONURUS.

Très-ancienne plante ; à cultiver pour la décoration des jardins en été ; floraison abondante à l'automne.     Prix................... fr.   1   »

### MONTANOA MOLLISSIMA.

Placée isolément sur les pelouses, cette plante formera de très-beaux buissons de 1 m. 50 c. à 2 m. de hauteur. Son feuillage blanchâtre et sa fleur blanche sont d'un bel effet.     Prix................... fr.   1   »

### PHILODENDRON PERTUSUM (Scindapsus).

Aroïdée à grandes feuilles trouées naturellement. Plantée isolément à l'ombre, sur le bord d'une pièce d'eau, de façon que ses racines adventives puissent plonger dans l'eau, elle réussira à merveille.
    Prix................... fr.   5   »

### PIPER ROTUNDIFOLIA.

Très-belle espèce, peu connue, d'une belle et luxuriante végétation ; placer en pleine terre et à mi-ombre (sur couche s'il est possible), dans un mélange de terreau et de terre franche.     Prix................... fr.   5   »

### PLUMBAGO COCCINEA.

Espèce nouvelle, à fleurs rouges, abondantes, très-recommandable pour la pleine terre. Placée en corbeilles de terre de bruyère, elle occupera le premier rang parmi les plantes à fleurs.     Prix.:................ fr.   2   »
       la douzaine .......   18   »

### PLUMBAGO CŒRULEA.

Très-ancienne espèce cultivée jusqu'à ce jour en pots, et ne produisant ainsi que peu d'effet ; plantée en corbeilles de terre de bruyère, elle développera d'abondantes ombelles de fleurs bleues, de la fin de juin jusqu'aux gelées.
Plante ornementale de premier ordre.    Prix................... fr.   » 75
       la douzaine .......   8   »
       les vingt-cinq......   15   »

### REMUSATIA VIVIPARA.

Aroïdée très-ornementale ; son feuillage luisant, d'un vert purpurin, atteint jusqu'à 1 m. de diamètre. A planter en plein soleil dans l'endroit le plus chaud, en corbeilles, dans un mélange de terre de bruyère et de terre franche.
    Prix................... fr.   1 50

### RUSSELIA JUNCEA.

Plantée en corbeilles de terre de bruyère, ses nombreuses fleurs rouges, attachées à des rameaux grêles, produiront le meilleur effet.
    Prix................... fr.   1   »

### SENECIO GHIESBREGHTII.

A planter isolément sur les pelouses de peu d'étendue, ou par trois sur des pelouses plus grandes, dans un compost de terre franche et de terreau, avec arrosements d'engrais liquides pendant sa végétation ; traitée de cette façon, cette plante atteindra un grand développement ; rentrée en serre pendant l'hiver, elle produira de grandes ombelles de fleurs d'un jaune brillant.

Prix . . . . . . . . . . . . . . . . . . fr.    2  »

forts . . . . . . . . . . . .      5  »

### SINCLAIREA VIOLACEA.

Placée en groupes isolés ou en massifs, son feuillage argenté en dessous en fera une belle plante ornementale ; on devra l'arroser avec des engrais liquides pendant la belle saison.        Prix. . . . . . . . . . . . . . . . . fr.    1 50

### SOLANUM BONARIENSE.

Formant de grosses touffes atteignant, pendant l'été, 3 m. de hauteur, et dont chaque rameau se termine par un bouquet de fleurs blanches. L'Établissement possède également la variété à fleurs lilas foncé.

Prix. . . . . . . . . . . . . . . . . fr.    » 75

### SOLANUM GLAUCOPHYLLUM.

Espèce vigoureuse à fleurs lilas clair, pouvant passer l'hiver en pleine terre sous le climat de Paris ; propre à la garniture des grands massifs.

Prix . . . . . . . . . . . . . . . . . fr.    1  »

### SOLANUM GLUTINOSUM.

Jolie espèce ornementale formant de grosses touffes ; floraison abondante à l'automne. A planter isolément ou en groupes.

Prix. . . . . . . . . . . . . . . . . fr.    1  »

### SOLANUM JAPONICUM.

Espèce rustique résistant aux hivers du midi de la France ; à fleurs lilas clair ; très-jolie pendant la belle saison. A planter en massifs ou en groupes isolés.

Prix. . . . . . . . . . . . . . . . . fr.    » 50

### SOLANUM JAPONICUM RANTONNETII.

Variété du précédent, à fleurs bleu-lilas foncé ; fleurit abondamment pendant toute la belle saison. Très-recommandable. Prix. . . . . . . . . . . . . . . . . fr.    » 50

### SOLANUM MARGINATUM.

Très-belle espèce à larges feuilles d'un blanc argenté; d'une végétation vigoureuse ; plantée en massifs ou en corbeilles, elle y produira le meilleur effet pendant la saison d'été.        Prix. . . . . . . . . . . . . . . . . fr.    1  »

### SOLANUM MARONIENSE.

Admirable et splendide espèce de hauteur moyenne, à large feuillage et à très-grandes fleurs bleues ; l'une des plus recommandables pour la garniture des corbeilles. Planter en terre de bruyère et arroser d'engrais liquide pendant la belle saison.        Prix. . . . . . . . . . . . . . . . . fr.    2  »

### SOLANUM PYRACANTHUM.

Plantée en massifs, cette espèce forme de jolis buissons de 1 m. de hauteur environ ; très-remarquable par ses épines d'un jaune-orange.

Prix. . . . . . . . . . . . . . . . . fr.    1  »

### SOLANUM PYRACANTHUM HORRIDUM.

Variété de la précédente, mais plus belle sous tous les rapports ; très-ornementale en corbeilles.                    Prix.................. fr.    2  »

### SOLANUM QUITOENSE.

De hauteur moyenne, à large feuillage pubescent, de couleur vert purpurin ; propre aux corbeilles de peu d'étendue.    Prix.................. fr.    1  »

### SOLANUM RECLINATUM.

Grande espèce atteignant 3 m. de hauteur : à fleurs bleu-lilas clair : très-ornementale, propre à la garniture des grandes corbeilles ou massifs.
                    Prix.................. fr.    1  »

### SOLANUM VELLOZIANUM.

Très-riche feuillage argenté en dessous ; pour réussir cette espèce en pleine terre il sera utile de lui donner de la chaleur en dessous, au moyen d'une couche.
                    Prix.................. fr.    2  »

# CINQUIÈME SECTION.

## Graminées à grande végétation pour être employées isolément sur les pelouses.

### ANDROPOGON ARGENTEUM.

Graminée à feuillage argenté pubescent, pouvant atteindre 2 m. de hauteur pendant le cours de la belle saison ; recherchée pour la décoration des jardins.
Prix.................... fr.   1 50

### ANDROPOGON FORMOSUM.

Belle Graminée de l'Inde ; placée isolément, elle formera des touffes de 4 m. de hauteur, si elle est cultivée dans un terrain riche en humus et arrosée abondamment avec de l'engrais liquide.   Prix .................. fr.   2   »

### ARUNDO CONSPICUA.

Espèce naine à épis blancs, à planter isolément sur les pelouses.
Prix.................. fr.   3   »

### ARUNDO DONAX.

Très-décoratif et ornemental, au bord de l'eau.
Prix.................. fr.   1   »

### ARUNDO DONAX FOL. VARIEGATIS.

Espèce très-décorative à feuillage vert rubané de blanc, formant de superbes groupes ou massifs.   Prix .................. fr   2   »

### ARUNDO MAURITANICA.

Espèce très-rustique du littoral de la Méditerranée ; à planter au bord de l'eau.
Prix.................. fr.   » 75

### BAMBUSA AUREA.

Les Bambous sont appelés dans un avenir prochain à changer l'aspect ornemental de nos jardins paysagers ; l'Aurea résiste à nos plus grands froids et acquiert en peu d'années un très-grand développement.
Prix.................. fr.   6   »

### BAMBUSA METAKE.

Espèce très-rustique et d'un bel effet ; il existe au bois de Boulogne une touffe de cette espèce, âgée de sept années, qui n'a pas moins de 3 m. 50 c. de hauteur sur autant de largeur.   Prix .................. fr.   1   »

## BAMBUSA MITIS.

Très-belle espèce rustique et à grande végétation.

Prix.................. fr.   5   »

## BAMBUSA NIGRA.

Espèce assez rustique, à bois noir; demande, sous notre climat, à être, pendant l'hiver, couverte légèrement de feuilles ou de paille.

Prix.................. fr.   3   »

## ERYANTHUS RAVENNÆ.

Graminée rustique et très-ornementale pouvant atteindre 4 m. de hauteur pendant le cours de sa végétation. Plante très-recommandable.

Prix.................. fr.   1   »

## GYNERIUM ARGENTEUM.

C'est l'une des plantes les plus ornementales, introduites depuis longtemps.

Prix............... .... fr.   1   »

## GYNERIUM ARGENTEUM GRACILIS VARIEGATUM.

Espèce grêle à feuillage panaché de jaune. Prix.................. fr.   10   »

## GYNERIUM BERTINII.

Admirable variété à grands épis parfaitement argentés; obtenue par M. Bertin de Versailles.                 Prix.................. fr.   3   »

## GYNERIUM MARABOUT.

Gigantesque variété dont les grands épis ressemblent assez à un marabout; très-recommandable.               Prix.................. fr.   5   »

## IMPERATA SACCHARIFERA (Cinna arundinacea).

Très-jolie Graminée à placer isolément sur les pelouses, où elle formera de belles et gracieuses touffes de 1 m. 50 c. de hauteur, terminées par de jolis épis argentés.

Prix.................. fr.   1   »

## SACCHARUM MADENI.

Espèce rustique pouvant supporter nos hivers en pleine terre au moyen d'un léger abri.                 Prix.................. fr.   3   »

## SACCHARUM ÆGYPTIACUM.

Espèce nouvelle. Plantée isolément en pleine terre; elle forme de fortes touffes de 4 à 5 m. de hauteur, sur autant de diamètre; son feuillage léger, à nervures blanches, et sa rusticité en feront l'une des plantes les plus remarquables pour la décoration des jardins pendant l'été.                 Prix.................. fr.   15   »

## SACCHARUM OFFICINARUM.

La canne à sucre est une belle Graminée réussissant bien en pleine terre l'été. Son port gracieux et son beau feuillage la rendent très-ornementale.

Prix.................. fr.   2   »

## SACCHARUM VIOLACEUM.

Espèce naine à feuilles et tiges violacées, formant de jolies touffes d'un bel effet.

Prix.................. fr.   3   »

# SIXIÈME SECTION.

## Végétaux exotiques de grandeur moyenne, à fleurs ou à feuillage, pour garniture de corbeilles ou plates-bandes pendant la belle saison.

### ACHYRANTES VERSCHAFFELTII.

Plante à feuillage rouge-sang foncé, très-jolie en corbeilles ou en bordures de massifs.
Prix................... fr.   » 50
les douze.......... 5 »
les vi gt-cinq...... 9 »

### AGAPANTHUS UMBELLATUS.

Plante employée pour garnir les corbeilles ou l'intérieur des massifs.
Prix................... fr.   1 »
la douzaine........ 10 »

### ANGELONIA SALICARIOÏDES.

Très-jolie plante à fleurs bleu violacé, en épis; à placer en corbeilles et en terre de bruyère.
Prix................... fr.   » 75
la douzaine........ 8 »

### ARTHEMISIA ARGENTEA.

Plante à feuillage argenté, d'un très-bel effet pour corbeilles ou massifs.
Prix................... fr.   » 75

### ARTHEMISIA FRUTESCENS.

A feuillage moins argenté, mais plus découpé que la précédente.
Prix................... fr.   » 50

### ARGYRANTHEMUN FRUTESCENS.

Plante à feuillage finement découpé; à employer pour massifs.
Prix................... fr.   1 »

### ASPIDISTRA ELATIOR FOL. VARIEG.

Jolie plante pour les corbeilles de terre de bruyère placées à l'ombre des arbres.
Prix................... fr.   1 »

### ASPIDISTRA ELATIOR FOL. PUNCTATIS.

Variété de la précédente, ponctuée de jaune; même emploi.
Prix................... fr.   1 25

## BEGONIA TOMENTOSA.

Très-grande espèce ornementale, à feuilles rouges en dessous.

Prix : forts sujets....... fr.    2    »

## BEGONIA SUBPELTATA ALBO RUBRA.

Nouvelle variété hybride, à feuillage rouge argenté et à grandes fleurs roses ; très-jolie pour la pleine terre l'été.    Prix................. fr.    1    »

la douzaine........    10    »

## BEGONIA RICINIFOLIA.

Très-grande espèce : floraison abondante et à grand effet en pleine terre.

Prix ................. fr.    » 75

les douze..........    8    »

les vingt-cinq.......    15    »

## BEGONIA REX IMPERATOR.

La seule variété, parmi celles à feuilles panachées, pouvant être cultivée l'été en pleine terre. Planter en corbeilles en terre de bruyère à l'ombre.

Prix ................. fr.    1    »

la douzaine ........    10    »

## BEGONIA PRESTONIENSIS.

Espèce produisant des fleurs orange pendant toute la belle saison.

Prix ................. fr.    » 75

les douze..........    7    »

les vingt-cinq ......    12    »

## BEGONIA LUCIDA.

Recommandable pour la pleine terre l'été : à fleurs blanc rosé ; floraison très-abondante. L'une des variétés cultivées en grand pour les  squares de la ville de Paris.    Prix ................. fr.    1    »

les douze ..........    10    »

les vingt-cinq.......    18    »

## BEGONIA INGRAHMII.

Petite espèce à fleurs rose vermillon, pour bordures des corbeilles de terre de bruyère.    Prix ................. fr.    » 50

la douzaine........    5    »

## BEGONIA FUCHSIOIDES MINIATA.

La plus belle espèce du genre Begonia ; plantée en corbeilles de terre de bruyère à mi-ombre, elle se couvrira de jolies fleurs rouge-vermillon pendant  quatre mois.

Prix ................. fr.    » 50

les douze ..........    5    »

les vingt-cinq ......    9    »

## BEGONIA DISCOLOR.

Belle espèce de Chine, bulbeuse, à feuilles et fleurs ornementales ; planter en

terre de bruyère pour garnir le sol des massifs ou corbeilles de grands végétaux. Très-recommandable.                    Prix.................... fr.    » 50
les douze............    4  »
les vingt-cinq.......    7  »

## BEGONIA BULBOSA.

Formant de belles touffes et se couvrant de jolies fleurs blanches pendant l'été : à planter en corbeilles ou en bordures.    Prix.................... fr.    » 50
la douzaine.........    5  »

## CATALUECA RUBICUNDA (Isotypus).

Plante à feuillage velu et argenté : à employer pour massifs de terre de bruyère et de terre franche.                    Prix .................. fr.    2  »

## CENTROPOGON GRANDIFLORUM (Lucyanus).

Plante très-recommandable pour les corbeilles de terre de bruyère, floraison abondante en automne.              Prix.................... fr.    » 75
la douzaine.........    8  »

## CHRYSANTHEMUM SENSATION.

Jolie plante à feuillage panaché blanc; peut être employée avec succès pour massifs ou plates-bandes.              Prix.................... fr.    1  »
la douzaine........    10  »

## CINERARIA MARITIMA ( Senecio maritima ).

A feuillage argenté et élégamment découpé. A planter en bordures ou en corbeilles.                          Prix.................... fr.    » 50
les douze........    5  »
les vingt-cinq.....    9  »

## CLIANTHUS MAGNIFICUS.

Très-jolie plante pour massifs : ne fleurit que tardivement.
Prix.................... fr.    1  »
les douze........    10  »

## CORONILLA GLAUCA.

Plante à fleurs jaunes, abondantes. Employée pour garnir l'intérieur des massifs.                        Prix.................. fr.    » 50
la douzaine.......    5  »

## CORONILLA GLAUCA FOL. VARIEG.

Belle espèce à feuilles jaunes. Plantée en bon terrain, elle fait de très-jolies corbeilles.                        Prix.................. fr.    » 75
la douzaine.......    8  »

## CROTON VARIEGATUM.

Plante de l'Inde, à feuillage panaché ; placer à mi-ombre en corbeilles de terre de bruyère.                        Prix.................. fr.    1 50
la douzaine.......    15  »

## CURCULIGO RECURVATA.

Plante ressemblant à un petit palmier. Placer en corbeilles de terre de bruyère.

Prix.................. fr.     1   »
la douzaine.......     10   »
forts, l'un........      2   »

## CYPERUS ALTERNIFOLIUS NANUS.

Espèce très-vivace pour garnir l'intérieur des massifs. Recommandable.

Prix.................. fr.     » 75
la douzaine.......      8   »

## CYTISUS RACEMOSUS.

A floraison hâtive et abondante ; propre à la première garniture des corbeilles.

Prix.................. fr.     » 75
la douzaine.......      8   »

## DIELYTRA SPECTABILIS.

Originaire de la Chine, cette plante forme des touffes se couvrant de fleurs roses pendantes fort gracieuses.     Prix : fortes touffes...... fr.     » 75
les douze.........      8   »

## DURANTA BAUMGARDI FOL. VARIEG.

Plante ligneuse à feuillage panaché de jaune ; très-ornementale, propre à former de petits massifs ou corbeilles.     Prix.................. fr.     1   »
les douze.........     10   »
les vingt-cinq.....     18   »

## ERANTHEMUM SANGUINOLENTUM.

Plante à feuillage ligné de rose carminé vif, propre à garnir les petites corbeilles de terre de bruyère à mi-ombre.     Prix.................. fr.     1   »
la douzaine........     18   »

## ERANTHEMUM TUBERCULATUM.

Petite plante, se couvrant pendant la belle saison de jolies fleurs blanches tubulées ; d'un bel effet pour les corbeilles de peu d'étendue.

Prix.................. fr.     » 75
la douzaine........      8   »

## EURYBIA LEPTOPHYLLA.

Plante de la Nouvelle-Hollande, très-vigoureuse, à fleurs blanches ; propre à la garniture des grands massifs.     Prix.................. fr.     » 50
les douze.........      5   »
les vingt-cinq.....      9   »

## EURYBIA ROSMARINIFOLIA.

Aussi jolie et de même emploi que la précédente.

Prix.................. fr.     » 50
les douze.........      5   »
les vingt-cinq.....      9   »

### FUCHSIA LOUISE DE LACHAPELLE.

Fleurs rouges globuleuses, à corolle rose lilacé ; très-florifère.

Prix.................. fr.   » 50
les douze.........   5  »

### FUCHSIA PAULINE.

A fleurs carmin vif, à large corolle bleu violacé, d'un très-bel effet.

Prix.................. fr.   » 50
les douze.........   5  »

### FUCHSIA RIFFLEMAN.

Fleurs globuleuses carminées, à corolle violette, double ; variété d'un grand effet, très-florifère.   Prix.................. fr.   » 50
les douze.........   5  »

### FUCHSIA VAINQUEUR DE PUEBLA.

Fleurs carminées, à corolle blanche ; très-recommandable.

Prix ............. ..... fr.   » 50
les douze.........   5  »

### GAURA LINDHEIMERIANA.

Plante de l'Amérique septentrionale, à floraison continue ; on peut l'employer à la garniture des grands massifs et à la décoration des plates-bandes.

Prix.................. fr.   » 50
les douze.........   4  »

### GRAPTOPHYLLUM VERSICOLOR.

A feuillage panaché de rouge, d'un bel effet pour les corbeilles de terre de bruyère placées à mi-ombre.   Prix.................. fr.   1  »

### HELIOTROPIUM ANNA THURREL.

Variété naine, à fleurs bleu foncé : à employer pour bordures.

Prix.................. fr.   » 50
les douze.........   5  »
les vingt-cinq.....   9  »

### HELIOTROPIUM GUASCOI.

Très-grande espèce, très-florifère, à ombelle énorme ; la meilleure pour corbeilles ou massifs.   Prix.................. fr.   » 50
les douze.........   5  »
les vingt-cinq.....   9  »

### HELIOTROPIUM PERUVIANUM.

Espèce type, à fleurs blanches très-odoriférantes.

Prix.................. fr.   » 50
les douze.........   5  »
les vingt-cinq.....   9  »

### HELIOTROPIUM SURPRISE.

Variété à fleurs bleu foncé, convient pour faire des bordures autour des grandes espèces.   Prix.................. fr.   » 50
les douze.........   5  »
les vingt-cinq.....   9  »

## HETEROCENTRUM GLANDULOSUM.

Très-belle Melastomée, originaire du Mexique, fleurissant abondamment en corbeilles de terre de bruyère ; à placer à mi-ombre.

Prix................... fr.    » 75
la douzaine.......    8 »

## HETEROCENTRUM ROSEUM.

A très-forts et jolis bouquets de fleurs roses, d'un bel effet à l'automne. Floraison abondante en serre tempérée pendant l'hiver.

Prix................... fr.    » 75
la douzaine.......    8 »

## LANTANA IMPÉRATRICE EUGÉNIE.

A fleurs rose vif, l'une des meilleures variétés pour la pleine terre. Convient en bordures de massifs.

Prix................... fr.    » 50
les douze........ .    5 »
les vingt-cinq.....    8 »

## LANTANA QUEEN VICTORIA.

Variété très-vigoureuse, à fleurs blanc pur. A planter en corbeilles ou en bordures.

Prix................... fr.    » 50
les douze........    5 »
les vingt-cinq.....    8 »

## LINUM TRIGYNUM.

Placée en pleine terre, cette plante se couvre de grandes fleurs jaunes pendant l'automne, et produit un grand effet en corbeilles.

Prix................... fr.    » 50
les douze........    5 »
les vingt-cinq.....    9 »

## OTACANTHUS CŒRULEUS.

Acanthacée à fleurs bleu pur et à centre blanc; fleurit abondamment à l'automne.

Prix................... fr.    1 »
les douze..........    10 »
les vingt-cinq......    18 »

## PETUNIA ABONDANCE.

A fleurs simples, violettes, panachées de blanc ; floraison très-abondante et du plus bel effet ornemental.

Prix................... fr.    » 50
les douze..........    5 »
les vingt-cinq......    8 »

## PETUNIA JOSEPH HAUDRECHY.

Variété nouvelle, à feuillage panaché de jaune ; très-ornementale pour bordures de corbeilles ou plates-bandes.

Prix................... fr.    1 »
les douze........    10 »

## PETUNIA PIZARRE.

A fleurs simples, violettes avec étoile blanche. C'est l'une des variétés les plus recommandables pour la pleine terre. Prix................. fr. » 50

les douze......... 5 »

les vingt-cinq...... 8 »

## PENTSTEMON ALPH. KARR.

A grandes fleurs rouge-carmin, avec gorge rose; d'un bel effet.

Prix................. fr. » 50

les douze......... 5 »

les vingt-cinq..... 8 »

## PENTSTEMON CELESTIAL.

Fleurs lilas foncé, à gorge blanche; plante moyenne, très-florifère.

Prix................. fr. » 50

les douze......... 5 »

les vingt-cinq..... 8 »

## PENTSTEMON LE NAIN.

A corolle blanc-lilacé. Plante très-naine et très-florifère. Admirable pour bordures. Prix................. fr. » 50

les douze......... 5 »

les vingt-cinq..... 8 »

## PENTSTEMON MARIE MARGUERITE.

A fleurs blanches, nuancées de rose carminé. Plante naine très-florifère.

Prix................. fr. » 50

les douze......... 5 »

les vingt-cinq...... 8 »

## PENTSTEMON Sᵀ-ELMO.

A fleurs violet clair luisant, avec gorge lilas. Variété vigoureuse atteignant 75 c. de hauteur. Prix................. fr. » 50

les douze......... 5 »

les vingt-cinq..... 8 »

## PHORMIUM TENAX.

Plante de la Nouvelle-Zélande, très-rustique et ornementale en pleine terre pendant l'été. Prix................. fr. 3 »

la douzaine....... 30 »

## SALVIA SPLENDENS.

Sauge éclatante, à floraison d'automne. Prix................. fr. » 50

les douze......... 5 »

les vingt-cinq..... 8 »

## SALVIA SPLENDENS COMPACTA.

Variété de la précédente, plus naine et plus jolie. Prix............. fr. 1 »

les douze......... 10 »

les vingt-cinq..... 18 »

## SIPANEA CARNEA.

Rubiacée très-florifère : propre aux corbeilles de terre de bruyère.

Prix . . . . . . . . . . . . . . . . fr.   » 50
les douze . . . . . . . .   5 »

## SIPHOCAMPYLUS BICOLOR.

Espèce vivace, à floraison continue : employée pour la garniture de l'intérieur des massifs.

Prix . . . . . . . . . . . . . . . . fr.   » 50
la douzaine . . . . . . .   5 »

## SIPHOCAMPYLUS COCCINEUS.

Espèce nouvelle, à fleur coccinée. C'est une belle plante ornementale.

Prix . . . . . . . . . . . . . . . . fr.   1 »

## SOLANUM AMAZONICUM.

Jolie espèce de l'Amazone, atteignant de 50 c. à 75 c. de hauteur et se couvrant, pendant toute la saison, de nombreuses fleurs bleues. Pour corbeilles.

Prix . . . . . . . . . . . . . . . . fr.   » 50

## SONCHUS LACINIATUS.

Plante indigène, à feuillage lacinié ; atteignant 1 m. de hauteur.

Prix . . . . . . . . . . . . . . . . fr.   1 »

## TAGETES LUCIDA.

Plante formant de très-jolies touffes se couvrant de fleurs jaunes. Convient particulièrement aux plates-bandes des jardins français.

Prix . . . . . . . . . . . . . . . . fr.   » 50
les douze . . . . . . . .   5 »
les vingt-cinq . . . . .   8 »

## TELANTHERA VERSICOLOR.

Amarantacée nouvelle, à feuillage brun, panaché de rouge vif ; produisant le plus gracieux effet en bordures.

Prix . . . . . . . . . . . . . . . . fr.   1 »
les douze . . . . . . . .   10 »
les vingt-cinq . . . . .   18 »

## TRITOMA BURCHELLIANA.

Plante d'Afrique, à hampe maculée de noir ; fleurs rouge coccinée à la base, passant au carmin, puis au jaune pâle à l'extrémité. Doit être protégée l'hiver du froid et de l'humidité par une cloche remplie de feuilles sèches.

Prix . . . . . . . . . . . . . . . . fr.   1 »

## VINCA MADAGASCARIENSIS ALBA.

Plante des Antilles, très-florifère et très-recommandable pour les corbeilles.

Prix . . . . . . . . . . . . . . . . fr.   » 50
les douze . . . . . . . .   5 »
les vingt-cinq . . . . .   9 »

## VINCA MADAGASCARIENSIS ROSEA.

Semblable à la précédente, mais à fleurs roses.

Prix . . . . . . . . . . . . . . . . fr.   » 50
les douze . . . . . . . .   5 »
les vingt-cinq . . . . .   9 »

# SEPTIÈME SECTION.

## Végétaux exotiques à fleurs ou à feuillage pour bordures de corbeilles ou plates-bandes.

### AGATHEA AMELLOÏDES.

A fleurs bleues, centre jaune; très-florifère, propre aux bordures de corbeilles ou de plates-bandes.

Prix.................... fr.   » 50
      les douze.........   4  »
      les vingt-cinq.....   7  »

### AGATHEA AMELLOÏDES FOL. VARIEG.

Semblable à la précédente, à feuillage panaché.

Prix.................... fr.   » 50
      les douze.........   4  »
      les vingt-cinq.....   7  »

### AGERATUM CŒLESTINUM.

Plante du Mexique, à fleurs flosculeuses bleu céleste se succédant pendant tout l'été. Convient surtout pour bordures de massifs ou plates bandes.

Prix.................... fr.   » 50
      les douze.........   4  »
      les vingt-cinq.....   7  »

### AGERATUM CŒLESTINUM FOL. VARIEG.

Semblable à la précédente et à feuillage panaché plus décoratif.

Prix.................... fr.   » 50
      les douze.........   5  »
      les vingt-cinq.......   8  »

### AGERATUM CŒLESTINUM NANUM.

Semblable à la précédente, mais plus naine.

Prix.................... fr.   » 50
      les douze.........   4  »
      les vingt-cinq......   7  »

### ALONZOA WARSCEWICZII.

Pendant toute la belle saison, cette plante se couvre de belles fleurs rouge-vermillon. Convient pour corbeilles ou plates-bandes.

Prix.................... fr.   » 50
      les douze.........   5  »
      les vingt-cinq......   8  »

### ALTERNANTHERA SESSILIS VAR. AMŒNA.

Nouvelle variété d'Amarantacée, naine, à feuillage rose panaché de vert. A employer pour la bordure des petites corbeilles de terre de bruyère.

Prix.................. fr.     2   »
la douzaine.......        20   »

### ALTERNANTHERA PARONYCHIOÏDES.

Feuillage panaché de jaune, de brun et de rose. A employer pour bordures autour des corbeilles de petites dimensions. Prix.................. fr.     » 50
les douze..........        4   »
les vingt-cinq......        7   »

### ALTERNANTHERA SPATULATA.

A feuillage d'un vert violacé panaché de rose. Variété très-vigoureuse, atteignant 25 c. de hauteur ; d'un très-bel effet pour bordures de corbeilles.

Prix.................. fr.     1   »
les douze........        9   »
les vingt-cinq....        16   »

### ALYSSUM MARITIMUM FOL. VARIEG.

Plante vivace, à feuillage panaché et à fleurs jaunes ; d'un bel effet au printemps.

Prix.................. fr.     » 50
la douzaine........        5   »

### ALYSSUM SAXATILE.

Corbeille d'or, floraison abondante au printemps ; propre aux bordures de plates-bandes ou corbeilles.      Prix.................. fr.     » 50
les douze.........        4   »
les vingt-cinq.....        7   »

### ALYSSUM SAXATILE FOL. VARIEG.

Ne diffère de la précédente que par son feuillage panaché.

Prix.................. fr.     » 50
la douzaine.......        5   »

### ANÉMONE JAPONICA VAR. H. JOBERT.

Plante vivace, à fleurs blanches, floraison continue.

Prix.................. fr.     » 50
la douzaine.......        5   »

### ARABIS FOL. VARIEG.

Belle variété à feuillage panaché.      Prix.................. fr.     » 50
les douze.........        5   »
les vingt-cinq.....        8   »

### ARABIS VERNA (Corbeille d'argent).

Fleurs blanches en mars et avril, d'un bel effet pour bordures.

Prix.................. fr.     » 50
les douze.........        4   »
les vingt-cinq......        6   »

## AUBRIETIA DELTOIDES.

Petite plante à fleurs bleues, formant de belles bordures au mois d'avril.

Prix . . . . . . . . . . . . . . . . . fr.   » 50
      les douze . . . . . . . .   4  »
      les vingt-cinq . . . . .   6  »

## BAMBUSA FORTUNEII FOL. VARIEG.

Bambou vivace, s'élevant à 30 c., à feuilles vertes, lisérées de blanc pur. Excellent pour les petits massifs de terre de bruyère.

Prix . . . . . . . . . . . . . . . . . fr.   1  »
      la douzaine . . . . . . . .   10  »

## CALCEOLARIA EXCELSA.

A fleurs d'un jaune brillant supportées par une tige droite atteignant 40 c. de hauteur ; à employer pour plates-bandes ou bordures de massifs.

Prix . . . . . . . . . . . . . . . . . fr.   » 50
      les douze . . . . . . . .   5  »
      les vingt-cinq . . . . .   8  »

## CALCEOLARIA RUGOSA.

Espèce très-ramifiée, à fleurs jaune brillant.

Prix . . . . . . . . . . . . . . . . . fr.   » 50
      les douze . . . . . . . .   5  »
      les vingt-cinq . . . . .   8  »

## CALCEOLARIA, TRIOMPHE DE VERSAILLES.

Espèce naine, à fleurs jaune brillant : admirable pour la pleine terre.

Prix . . . . . . . . . . . . . . . . . fr.   » 50
      les douze . . . . . . . .   5  »
      les vingt-cinq . . . . . .   10  »

## CENTAUREA CANDIDISSIMA.

Plante du littoral méditerranéen ; port élevé ; son feuillage argenté produit un bel effet en corbeilles ou en bordures. par le contraste qu'il forme avec celui des autres végétaux.

Prix . . . . . . . . . . . . . . . . . fr.   1 25
      la douzaine . . . . . . . .   12  »

## CENTAUREA CANDISSIMA COMPACTA.

Nouvelle variété de la précédente, plus naine et plus trapue.

Prix . . . . . . . . . . . . . . . . . fr.   10  »

## CENTAUREA GYMNOCARPA.

Plante plus grande, à feuillage lacinié, pour corbeilles ou bordures des grands massifs ; cette plante forme aussi de très-jolies touffes sur les pelouses.

Prix . . . . . . . . . . . . . . . . . fr.   1 50
      la douzaine . . . . . . . .   15  »

## CENTAUREA PLUMOSA.

Espèce à longues feuilles argentées, d'un bel effet.

Prix . . . . . . . . . . . . . . . . . fr.   5  »

### CERASTIUM BIEBERSTEINII.

Très-jolie petite plante de la Tauride, à feuillage argenté. Recommandable par sa rusticité et l'abondance de sa floraison. A employer pour la bordure des petites corbeilles.

Prix .................. fr.　» 50

les douze ......... 4 »

### CERASTIUM GRANDIFLORUM.

Plante du Caucase assez semblable à la précédente, mais à feuillage plus vert; se couvre au printemps de fleurs blanches; à employer pour petites bordures.

Prix.................. fr.　» 50

les douze.......... 4 »

les vingt-cinq ...... 6 »

### CERASTIUM TOMENTOSUM.

Plante d'Europe ; feuillage pubescent, d'un vert cendré ; fleurs blanches en grappes paniculées ; même emploi.

Prix .................. fr.　» 50

les douze.......... 4 »

les vingt-cinq....... 6 »

### CHIRONIA FISCHERII.

A fleurs roses : à employer pour bordures de corbeilles et en terre de bruyère.

Prix .................. fr.　» 50

les douze ......... 5 »

les vingt-cinq...... 8 »

### CHIRONIA LINOÏDES.

A fleurs roses, très-florifère ; pour corbeilles ou massifs de terre de bruyère.

Prix .................. fr.　» 50

les douze ......... 5 »

les vingt-cinq...... 8 »

### CONVOLVULUS MAURITANICUS.

Plante rampante, à fleurs bleu lilacé, formant de très-jolies bordures pendant toute la saison d'été.

Prix.................. fr.　» 50

................. 5 »

### CUPHEA EMINENS.

A fleurs jaune-orange, en automne ; pour bordures de massifs ou de corbeilles.

Prix.................. fr.　» 50

les douze ......... 4 »

les vingt-cinq...... 7 »

### CUPHEA PLATYCENTRA.

Très-jolie plante du Mexique, à fleur orange, très-employée dans les jardins, à Paris, pour bordures de massifs.

Prix.................. fr.　» 50

les douze ......... 4 »

les vingt-cinq....... 7 »

## CUPHEA STRIGULOSA.

Plante du Mexique, à fleurs jaunes, très-florifère ; même emploi que la précédente.

Prix ................... fr. » 50
les douze .......... 4 »
les vingt-cinq ...... 7 »

## DIANTHUS PLUMARIUS VAR. GARIBALDI.

Hybride de Mignardise remontante, à grandes fleurs blanches et cramoisies du plus bel effet. Cette plante mérite d'être multipliée et répandue dans tous les jardins.

Prix ................. fr. » 50

## DIANTHUS SEMPERFLORENS (Œillet flon).

Belle plante à fleurs roses : continuellement fleurie.

Prix ................... fr. » 50
les douze ......... 4 »
les vingt-cinq ..... 7 »

## DIANTHUS SEMPERFLORENS VAR. E. PARÉ.

Variété à fleurs panachées de rouge et de rose clair.

Prix ................... fr. » 50
les douze ......... 5 »
les vingt-cinq ...... 8 »

## DIANTHUS SEMPERFLORENS VAR. J. SONTAG.

Variété à fleurs roses, plus grandes que les précédentes.

Prix ................... fr. » 50
les douze ......... 5 »
les vingt-cinq ..... 8 »

## DIANTHUS SEMPERFLORENS MARIE PARÉ.

Se rapprochant du type, mais à fleurs blanc pur.

Prix ................... fr. » 50
les douze ......... 5 »
les vingt-cinq ..... 8 »

## DIANTHUS SEMPERFLORENS VAR. VERSCHAFFELTII.

Espèce à grandes fleurs roses, très-remontante : s'élevant à 30 ou 40 c. de hauteur.

Prix ................. fr. » 50
les douze ......... 5 »
les vingt-cinq ..... 8 »

## FUNKIA SUBCORDATA (Hemerocallis).

Plante pour bordures de massifs ombrés, très-recommandable.

Prix ................. fr. » 50
la douzaine ........ 5 »

## GAZANIA EUCHLORA.

A grande fleur jaune.

Prix ................. fr. » 50
les douze ......... 5 »
les vingt-cinq ...... 8 »

## GAZANIA GRANDIFLORA.

A fleurs plus pâles et plus grandes que le Gazania Euchlora.

```
Prix................... fr.    » 50
            les douze.........    5  »
            lis vingt-cinq......   8  »
```

## GAZANIA INGELRESTII.

Diffère des autres variétés.
```
Prix................. fr.    » 50
            les douze.........    5  »
            les vingt-cinq .....   8  »
```

## GAZANIA SPLENDENS.

Admirable plante à grandes fleurs jaunes et à centre brun, s'épanouissant au soleil ; plante d'un bel effet ornemental pour bordures.
```
Prix................. fr.    » 50
            les douze..........   4  »
            les vingt-cinq.......  7  »
```

## GAZANIA SPLENDENS FOL. VARIEG.

Plante à feuillage panaché ; plus ornementale que les autres variétés.
```
Prix................. fr.    » 75
            les douze..........   8  »
            les vingt-cinq......  15  »
```

## GNAPHALIUM CRASSIFOLIUM.

A feuillage laineux argenté ; pour bordures en terre de bruyère.
```
Prix................. fr.    1  »
            la douzaine........  10  »
```

## GNAPHALIUM LANATUM.

A feuillage laineux argenté ; espèce très-vigoureuse, propre à faire des bordures autour des massifs ; d'un bel effet ornemental.
```
Prix................. fr.    » 50
            les douze .........   4  »
            les vingt-cinq ......  7  »
```

## HELICHRYSUM ARGENTEUM.

Plante à feuillage argenté brillant, propre aux petites corbeilles de terre de bruyère.
```
Prix................. fr.    1  »
            la douzaine.......  10  »
```

## HYDROLEA AZUREA.

Charmante petite plante de 40 c. de hauteur, fleur bleue à centre blanc, fleurit en août et septembre.
```
Prix................. fr.    1  »
            la douzaine........  10  »
```

## IBERIS SEMPERVIRENS.

Belle plante vivace à floraison hâtive ; utilisée pour bordures.
```
Prix................. fr.    » 50
            les douze.........    5  »
            les vingt-cinq .....   8  »
```

### KONIGA MARITIMA.

Petite plante indigène ; très-florifère et rustique ; fleurs blanches, odorantes ; convient pour bordures ou plates-bandes, et aussi pour tapisser le dessous des massifs des grands végétaux. Prix .................. fr. » 50

les douze ......... 4 »

les vingt-cinq ..... 7 »

### KONIGA MARITIMA FOL. VARIEG.

Semblable à la précédente ; mais à feuillage panaché. Très-recommandable pour bordures. Prix .................. fr. » 50

les douze ......... 4 »

les vingt-cinq ..... 7 »

### LAMIUM MACULATUM.

Plante vivace indigène à feuilles panachées ; rustique et d'une croissance rapide, quels que soient le terrain et l'exposition ; elle est précieuse pour former d'élégantes bordures, et pour tapisser les glacis. Prix .................. fr. » 50

les douze ......... 4 »

les vingt-cinq ..... 7 »

### LANTANA DELICATISSIMA.

A fleurs rose-lilacé, floraison abondante ; très-belle pour bordures. Prix .................. fr. » 50

les douze ......... 4 »

les vingt-cinq ..... 7 »

### LANTANA NANA ROSEA.

A fleurs rose et orange : très-florifère ; à employer pour bordures. Prix .................. fr. » 50

les douze ......... 5 »

les vingt-cinq ..... 8 »

### LIPPIA REPENS.

Petite plante rampante peu difficile sur la nature du terrain ; convient pour bordures et pour garnir les talus. Prix .................. fr. » 25

les douze ......... 2 »

les vingt-cinq ..... 4 »

### LOBELIA ERINUS GRACILIS.

Plante se couvrant de fleurs bleues pendant toute la saison d'été. A employer pour bordures. Prix .................. fr. » 50

les douze ......... 4 »

les vingt-cinq ..... 7 »

### LOBELIA ERINUS PAXTONII.

Variété à fleurs blanc lilacé, plus grande que la précédente ; très-ornementale. Prix .................. fr. » 50

les douze ......... 4 »

les vingt-cinq ..... 7 »

### NIEREMBERGIA GRACILIS.

Petite plante de Buenos-Ayres, très-ramifiée, à fleurs blanc jaunâtre; floraison abondante pendant toute la belle saison. Employée pour bordures de massifs, corbeilles ou plates-bandes.

Prix .................. fr.　» 50
les douze .........　4　»
les vingt-cinq .....　7　»

### PELARGONIUM CHRISTINUS.

Variété à fleurs rose pur; extra-florifère. Prix ................. fr.　» 50
les douze .........　5　»
les vingt-cinq ......　8　»

### PELARGONIUM EUGÉNIE MEZARD.

Fleur saumon; c'est une des meilleures variétés pour la pleine terre.

Prix .................. fr.　» 50
les douze .........　4　»
les vingt-cinq .....　9　»

### PELARGONIUM FLOWER OF THE DAY.

A feuillage panaché de blanc; très-ornemental.

Prix .................. fr.　» 50
les douze .........　5　»
les vingt-cinq .....　9　»

### PELARGONIUM GLOIRE DE PARIS (à grande fleur).

La seule variété à grande fleur; employée avec avantage l'été en pleine terre.

Prix .................. fr.　» 50
les douze .........　5　»
les vingt-cinq .....　9　»

### PELARGONIUM MANGLESII.

Espèce sarmenteuse à feuillage panaché de blanc; à employer avec avantage pour bordures.

Prix .................. fr.　» 50
les douze .........　5　»
les vingt-cinq .....　9　»

### PELARGONIUM MISTRESS POLLOCK.

Cette variété, à feuillage panaché de jaune et de rouge, placée l'été en pleine terre, produit un bel effet.

Prix .................. fr.　3　»

### PELARGONIUM PELTATUM CARNEUM.

Espèce sarmenteuse à fleurs rose carné; employée à faire des bordures ou garnir des talus.

Prix .................. fr.　» 50
les douze .........　5　»
les vingt-cinq .....　9　»

### PELARGONIUM PRINCE IMPÉRIAL.

Espèce naine, à fleurs rouge vif; remplace pour les bordures l'ancien Pelargonium Tom-Pouce.

Prix .................. fr.　» 50
les douze .........　5　»
les vingt-cinq .....　9　»

### PELARGONIUM STELLA NOSEGAY.

Très-grande variété à ombelles de fleurs rouge carminé vif; à placer au centre
des massifs.                                            Prix.................. fr.    » 50
                                                            les douze.........   5   »
                                                            les vingt-cinq .....   9   »

### PELARGONIUM HENRY LIERVAL.

A fleur rouge vif, à grandes panicules; recommandable pour le centre des
massifs ou pour plates-bandes.                          Prix.................. fr.    » 50
                                                            les douze.........   5   »
                                                            les vingt-cinq .....   9   »

### PENTAPETES PHŒNICA.

Très-jolie Malvacée à fleurs rose saumoné; à planter en petites corbeilles dans
un mélange de terre de bruyère et de terre franche.
                                                        Prix .................. fr.    1   »

### PLUMBAGO LARPENTE.

Espèce naine, à très-jolies fleurs bleues; pour bordures.
                                                        Prix.................. fr.    » 50
                                                            la douzaine......   5   »

### PAROCHETUS COMMUNIS.

Charmante petite légumineuse, rampante, à fleurs bleues; propre aux bordures
des petites corbeilles.                                 Prix.................. fr.    » 50
                                                            la douzaine......   5   »

### REINECKIA CARNEA FOL. VARIEG·

Petite plante à feuillage panaché de jaune, pour corbeilles ou massifs de terre
de bruyère. Recommandable.                              Prix.................. fr.    1 50
                                                            la douzaine......   15   »

### SAPONARIA OCYMOÏDES.

Plante vivace, à nombreuses fleurs roses; remplace avec avantage les Silènes
pour garnir les talus, pour couvrir la terre à la base des grands arbustes et pour
faire de jolies bordures.                               Prix.................. fr.    » 50
                                                            les douze.........   5   »
                                                            les vingt-cinq .....   8   »

### SEDUM CARNEUM FOL. VAR·

Élégante variété du nord de la Chine, à feuilles panachées, à fleurs lilas, propre
à la garniture du sol des corbeilles de grandes plantes et pouvant, avec avantage,
être utilisée pour la décoration des rochers, grottes, etc., etc.
                                                        Prix .................. fr.    » 50
                                                            les douze........   4   »
                                                            les vingt-cinq ....   7   »

### SEDUM SIEBOLDI VAR· MEDIO PICTA·

Espèce naine du Japon, à feuillage panaché de jaune et dont les rameaux forment des touffes qui retombent sur le sol sous le poids de leurs jolies fleurs roses. Elle convient aux bordures des petits massifs de terre de bruyère, et est utilement employée pour décorer les rocailles.

Prix.................. fr.   **1**  »
la douzaine.......   **10**  »

### TRADESCANTIA ZEBRINA (Commelina Zebrina).

Très-jolie espèce pour garnir le sol des corbeilles de grandes plantes ou pour les bordures de massifs ombrés. Employée en grand dans les jardins de Paris.

Prix.................. fr.   » **50**
les douze.........   **4**  »
les vingt-cinq.....   **7**  »

### TROPÆOLUM LUCIFERUM.

Capucine naine, à fleurs cramoisi foncé, très-florifère ; à employer pour bordures.

Prix.................. fr.   » **50**
les douze.........   **4**  »
les vingt-cinq.....   **7**  »

### VERBENA GLOIRE DE CUIVRE.

Jolie Verveine, à fleurs bleu lilacé.   Prix.................. fr.   » **50**
les douze.........   **4**  »
les vingt-cinq.....   **7**  »

### VERBENA ROSEA MUNDII.

A grandes fleurs roses.   Prix..................   » **50**
les douze.........   **4**  »
les vingt-cinq.....   **7**  »

### VERBENA SALADIN.

A fleurs rouge-cramoisi ; produit bon effet en pleine terre.

Prix.................. fr.   » **50**
les douze.........   **4**  »
les vingt-cinq.....   **7**  »

### VINCA MAJOR FOL. VAR.

Pervenche à feuilles panachées ; pour bordures ombrées.

Prix.................. fr.   « **50**
les douze.........   **4**  »
les vingt-cinq......   **7**  »

# HUITIÈME SECTION.

## Végétaux vivaces à grande végétation, pouvant supporter nos hivers à la pleine terre, avec ou sans couverture.

### CRAMBE CORDIFOLIA.

A très-grand feuillage, du centre duquel s'élève, au mois de mai, une hampe florale atteignant 2 m. 50 c. de hauteur. A planter dans un sol amendé avec du terreau de fumier.                     Prix.................. fr.    1   »

### GUNNERA SCABRA.

Plante vivace du Chili; convient pour l'ornementation des pelouses par son ample et beau feuillage, plus résistant que celui des Rhubarbes, avec lesquelles elle a beaucoup d'analogie.

Demande à être protégée l'hiver par une couche de feuilles sèches.

Réclame un sol frais, riche et profond, reposant sur un épais drainage.
                     Prix.................. fr.    2   »

### HELIANTHUS ORGYALIS.

Plante vivace de l'Amérique septentrionale, rustique; tiges réunies en touffes garnies de feuilles lancéolées, formant avec les capitules floraux des gerbes d'un gracieux effet lorsque la plante est placée isolément sur les pelouses ou au bord des pièces d'eau.                     Prix.................. fr.    1   »

### HERACLEUM GIGANTEUM.

Ombellifère produisant un très-bel effet aux abords des rochers artificiels. Le feuillage retombant forme des rosaces qui occupent parfois 3 m. de diamètre.
                     Prix.................. fr.    1   »

### POLYGONUM SIEBOLDII.

Espèce vigoureuse à beau feuillage.

### RHEUM UNDULATUM.

Originaire de Tartarie ; placée isolément sur les pelouses près des rochers, ou sur les pentes avoisinant les pièces d'eau, dans un sol profond, ses feuilles atteindront jusqu'à 1 m. 25 c. de largeur.                     Prix.................. fr.    2   »

# NEUVIÈME SECTION.

## Végétaux aquatiques propres à l'ornementation des lacs, rivières et bassins.

### ACORUS CALAMUS.

L'une des meilleures plantes pour garnir les pièces d'eau; rhizome aromatique servant dans certains pays à préserver le linge de vermines.

Prix.................... fr.   1   »

### ALISMA PLANTAGO.

A planter au bord des eaux, dans les terrains humides ou peu submergés.

Prix ................... fr.   » 50

### APONOGETON DISTACHYUM.

Très-jolie plante à feuillage flottant et à fleurs blanches divisées en deux parties. A planter dans un sol recouvert de 30 c. à 40 c. d'eau.

Prix.................... fr.   1   »

### ARUNDO PHRAGMITES FOL. VAR.

Roseau à balai, à feuilles panachées; planter au bord des eaux dans les terrains humides.                          Prix.................... fr.   2   »

### BUTOMUS UMBELLATUS (Jonc fleuri).

Indigène, donnant en juin et juillet de très-jolies ombelles de fleurs blanches et roses s'élevant à 1 m. au-dessus de la surface de l'eau. Plante très-décorative.

Prix.................... fr.   » 75

### CALTHA PALUSTRIS FL. PLENO.

Très-jolie Renonculacée à fleurs jaunes doubles, très-florifère. A planter sur le bord des eaux, ou dans des terrains très-peu submergés.

Prix.................... fr.   1   »

### CAREX POLYRHIZA FOL. VARIEG.

Jolie petite plante à feuillage rubané de jaune, formant des touffes s'élevant à 40 c. seulement. A placer sur le bord des pièces d'eau ou dans les rochers humides.

Prix.................... fr.   1   »

### CYPERUS FASTIGIATUS.

Plante décorative, s'élevant à 1 m. de hauteur. A placer dans l'eau à 50 c. de profondeur.                          Prix.................... fr.   1   »

### CYPERUS PARELLATUS.

A planter au bord des eaux, ou dans les endroits peu submergés.

Prix................. fr.    1  »

### CYPERUS PUNGENS.

Décoratif, formant de belles touffes, placé dans 20 c. à 40 c. d'eau.

Prix................. fr.    1  »

### EPILOBIUM ANGUSTIFOLIUM.

Indigène à fleurs roses ; à placer près des eaux, dans les rochers humides et principalement dans les lieux ombragés.    Prix................. fr.    » 50

### EPILOBIUM HIRSUTUM FOL. VARIEG.

Plus délicate que la précédente, à feuilles panachées de blanc ; très-jolie pour la décoration des eaux. A planter dans les endroits humides et ombragés.

Prix................. fr.    2  »

### EPILOBIUM ROSMARINIFOLIUM.

A fleurs roses très-ornementales. A planter dans les terrains humides, dans les pièces d'eau ou les rochers.    Prix................. fr.    1  »

### EPILOBIUM ROSMARINIFOLIUM ALBUM.

Variété de la précédente, à fleurs blanches. Même emploi.

Prix................. fr.    1  »

### MENTHA ROTONDIFOLIA FOL. VAR.

Menthe à feuilles panachées de blanc, propre à la décoration des rochers ou des talus humides.    Prix................. fr.    » 50

la douzaine.......    4  »

### MENYANTHES TRIFOLIATA (Trèfle d'eau).

L'une des plus belles plantes aquatiques, à feuilles flottantes et à fleurs lilas. A planter dans l'eau à une profondeur de 30 c. à 40 c.

Prix................. fr.    1  »

### NENUPHAR ADVENA.

Très-belle espèce rustique, à large feuillage vert et à fleurs jaunes.

Prix................. fr.    3  »

### NENUPHAR LUTEA.

Espèce commune, décorative pour les grandes pièces d'eau ou étangs.

Prix................. fr.    1  »

### NYMPHEA ALBA.

La plus belle espèce du genre. Ses grandes fleurs blanches qui flottent à la surface des eaux pendant toute la belle saison, en font une plante aquatique de premier ordre.    Prix................. fr.    1  »

### NYMPHEA CŒRULEA.

Espèce exotique à fleurs bleues, très-belle pour la décoration des bassins dans les serres ou jardins d'hiver. On peut encore cultiver ce Nymphea en paniers, que l'on plonge dans les pièces d'eau pendant l'été, pour pouvoir les rentrer à l'automne.                                        Prix.................. fr.    2   »

## PONTEDERIA CORDATA.

Planté dans un bon sol à une profondeur de 30 c. à 90 c. d'eau, elle ne tardera pas à former de belles touffes, d'où sortiront pendant toute la belle saison de beaux épis de fleurs lilas.                       Prix.................. fr.    1   »

## SAURURUS CERNUUS.

Formant de belles touffes dans les terrains humides et un peu ombragés.
                                        Prix.................. fr.    » 50

## SCIRPUS LACUSTRIS.

Jonc ordinaire.                         Prix................ fr.    » 50

## STIPA PENNATA.

Graminée, à planter dans les terrains humides près des eaux.
                                        Prix.................. fr.    » 50

## THALIA DEALBATA.

La plus belle de toutes les plantes aquatiques, à feuillage ressemblant beaucoup à de petits Bananiers; placée dans l'eau à 50 c. de profondeur, elle formera de belles touffes, d'où s'élèveront pendant la belle saison, des hampes florales d'un bel effet.                              Prix.................. fr.    2   »

## TYPHA ANGUSTIFOLIA.

Massette d'eau indigène à feuilles étroites; les Typha sont très-vivaces et végètent dans toutes les pièces d'eau.   Prix.................. fr.    » 50

## TYPHA LATIFOLIA.

L'espèce la plus commune, mais la plus décorative et la plus envahissante.
                                        Prix.................. fr.    » 50

## TYPHA MINIMA.

Espèce grêle, très-gracieuse pour les bassins ou pièces d'eau de peu d'étendue ; s'élève à 50 c. ou 75 c. environ. A planter dans un terrain peu submergé.
                                        Prix.................. fr.    1 50

# DIXIÈME SECTION.

## Plantes grimpantes.

### ARGYRÆA ARGENTEA.

Très-belle plante de l'Inde, à feuilles argentées et à grande végétation. Demande un sol composé de terre de bruyère et de terre franche.

Prix.................. fr.   1   »

### ARGYRÆA NERVOSA.

Superbe espèce à plus grandes feuilles que la précédente. Très-recommandable.

Prix.................. fr.   3   »

### BEAUMONTIA SPECIOSA.

Plante de serre chaude ; d'une très-belle végétation, en pleine terre pendant l'été.

Prix.................. fr.   3   »

### BIGNONIA ARGYRÆA VIOLESCENS.

A feuilles violet foncé marmorées de brun, passant ensuite au blanc. Très-jolie en pleine terre, dans les serres ou jardins d'hiver.

Prix.................. fr.   3   »

### BIGNONIA JASMINIOÏDES (Tecoma).

Originaire de l'Australie ; placer en corbeille de terre de bruyère pendant l'été ; en ayant soin de pincer souvent les jeunes pousses, elle fleurira abondamment.

Prix .................. fr.   1   »

### BIGNONIA LINDLEYII.

Espèce originaire de La Plata ; à grand feuillage et à grande végétation, propre à la garniture des jardins d'hiver.   Prix.................. fr.   1   »

### BIGNONIA PANDOREA.

Espèce d'Australie, vigoureuse, de pleine terre sous le climat de Paris où elle fleurit abondamment à l'automne, très-propre à garnir les murailles ou les treillages.   Prix.................. fr.   1   »

### BIGNONIA SPECIES (?).

Très-grande espèce nouvelle, à grande végétation.

Prix.................. fr.   5   »

### BIGNONIA MARMOREA (Tecoma).

Très-belle espèce à feuilles colorées.   Prix.................. fr.   2   »

### CISSUS AMAZONICUS.

Plante à feuilles plus étroites et plus allongées que la précédente.

Prix.................. fr.   1  »

### CLERODENDRON BALFOURII.

Très-belle plante nouvellement introduite, se couvrant de fleurs blanches du mois de janvier au mois de mars. Cultiver en pleine terre en serre chaude.

Prix.................. fr.   2  »

### CLERODENDRON THOMPSONÆ.

Espèce très-vigoureuse, voisine de la précédente, à fleurs rouges, calice blanc. Floraison très-abondante.       Prix.................. fr.   1 50

### CLERODENDRON THOMPSONÆ MAJOR.

Variété à fleurs plus grandes; admirable pour la décoration des grandes serres chaudes.       Prix.................. fr.   2  »

### COBÆA SCANDENS FOL. VARIEG.

Très-belle espèce à feuilles panachées; très-décorative.

Prix.................. fr.   1  »

### DELAIREA ODORATA SCANDENS.

C'est l'un des végétaux les plus vigoureux pour cacher promptement une muraille ou garnir un treillage.       Prix.................. fr.   » 50

les douze.........   4  »

### DIOSCORÆA ARGYRÆA.

Jolie petite plante, à feuillage panaché.   Prix.................. fr.   2  »

### DIOSCORÆA CORDATA.

Espèce très-vigoureuse, à grandes feuilles vertes.

Prix.................. fr.   1  »

### DIOSCORÆA DISCOLOR.

A grandes feuilles violettes en dessous; très-ornementale pour les jardins d'hiver et la pleine terre en été.       Prix.................. fr.   2  »

### DIPLADENIA NOBILIS (Echites).

Belle plante de serre chaude demandant beaucoup de chaleur pour fleurir.

Prix.................. fr.   5  »

### ECHITES ARGYRÆA.

A feuilles réticulées de blanc.       Prix.................. fr.   5  »

### ECHITES NUTANS.

Admirable plante, à feuilles richement lignées de rose vif.

Prix.................. fr.   5  »

### ECHITES PELTATA.

Grande espèce très-vigoureuse du Brésil. Prix.................. fr.   6  »

### EXACENTRIS LUTEA.

Plante de serre chaude à fleur jaune.     Prix.................. fr.   3   »

### EXACENTRIS MYSORENSIS.

A fleurs jaune-orange et rouges; cultivée en pleine terre dans une serre chaude elle atteindra de grandes dimensions et fleurira abondamment.

Prix.................. fr.   1   »

### HARDENBERGIA MONOPHYLLA.

Très-jolie légumineuse de l'Australie, à fleurs bleues; de serre froide.

Prix.................. fr.   1   »

### HARDENBERGIA MONOPHYLLA ALBA.

Semblable à la précédente, mais à fleurs blanches.

Prix.... .............. fr.   1   »

### HOYA CARNOSA FOL. VARIEG.

Plante d'Asie, ornementale par son feuillage et par ses fleurs.

Prix.................. fr.   2   »

### HOYA IMPERIALIS.

Cette plante, originaire de Tartarie, fleurit constamment en serre chaude.

Prix.................. fr.   3   »

### IPOMÆA DIGITATA

Espèce très-vigoureuse, à grandes fleurs roses.

Prix.................. fr.   2   »

### IPOMÆA HORSFALLIÆ.

Très-belle espèce, à fleurs rouge pourpre, fleurissant en automne en pleine terre.     Prix.................. fr.   3   »

### JASMINUM POITEAUANUM.

Espèce vigoureuse de serre froide, à fleurs nombreuses et suaves.

Prix.................. fr.   1   »

### JASMINUM SAMBAC.

Très-ancienne espèce de l'Inde, à fleurs semi-doubles; recherchée pour son odeur suave.     Prix.................. fr.   1   »

### KENNEDYA COCCINEA.

Charmante plante de serre froide, fleurissant abondamment au printemps.

Prix .................. fr.   1   »

### KENNEDYA RUBICUNDA.

Très-grande espèce, vigoureuse, à fleurs rouge cocciné pendant la belle saison.     Prix.................. fr.   1   »

### MANETTIA BICOLOR.

Admirable petite plante du Brésil ; cultivée en serre chaude, elle se couvrira au printemps d'une quantité innombrable de fleurs jaunes et rouges.

Prix.................. fr.   1   »

### MANETTIA MICANS.

Voisine de la précédente, mais à fleurs rouges et plus grandes.

Prix.................. fr.   2   »

### MIKANIA LIERVALII.

Nouveauté de serre chaude, à beau feuillage.

Prix.................. fr.   2   »

### MIKANIA SPECIOSA.

A feuillage violacé, d'un bel effet et à grande végétation.

Prix.................. fr.   1   »

### MIKANIA VERSCHAFFELTII.

A feuillage velouté de marron et de violet ; très-ornementale pour les serres chaudes.                Prix.................. fr.   1   »

### MIKANIA VIOLACEA.

Plante d'un bel effet.          Prix.................. fr.   1   »

### MORANDIA BARCKLEYANA.

Admirable plante pour la pleine terre pendant la belle saison ; floraison nombreuse et continue.       Prix.................. fr.   » 50

### MUTISIA CLEMATIS.

De serre froide ; vigoureuse plante à fleurs rouges d'un bel effet.

Prix.................. fr.   2   »

### PASSIFLORA AMABILIS.

A fleurs rouges éclatantes.      Prix.................. fr.   2   »

### PASSIFLORA BARAQUINIANA.

Espèce très-distincte par ses petites fleurs blanc verdâtre, très-florifère.

Prix.................. fr.   2   »

### PASSIFLORA CARDINALIS.

Très-jolie Passiflore de serre chaude, à fleurs rouge vif.

Prix.................. fr.   2   »

### PASSIFLORA CŒRULEA.

Jolie plante du Brésil, à fleurs lilas, résistant en pleine terre l'hiver à Paris.

Prix.................. fr.   » 50

### PASSIFLORA EDULIS.

Espèce du Brésil, cultivée en pleine terre dans le centre de la France. A fruits comestibles.               Prix.................. fr.   1   »

### PASSIFLORA FULGENS.

A fleurs rouge vif, l'une des plus belles du genre, pour les serres chaudes.

Prix.................. fr.   2  »

### PASSIFLORA GONTHIERII.

Belle variété à grandes fleurs. Serre chaude.

Prix.................. fr.   1  »

### PASSIFLORA IMPÉRATRICE EUGÉNIE.

Très-belle variété à fleurs lilas clair ; très-florifère en serre tempérée ou froide.

Prix.................. fr.   1  »

### PASSIFLORA KERMESIANA.

Plante du Brésil, très-florifère, pour serre chaude.

Prix.................. fr.   1  »

### PASSIFLORA MACROCARPA.

A très-gros fruits comestibles (rare).   Prix.................. fr.   3  »

### PASSIFLORA RACEMOSA.

Passiflore du Brésil, à fleurs rouges en grappes ; propre aux serres chaudes.

Prix.................. fr.   1  »

### PIPER PORPHYRITES ( Cissus ).

L'un des plus jolis feuillages connus, de couleur violette, semé de taches rose vif, très-ornementale pour les serres chaudes.

Prix.................. fr.   2  »

### PHASEOLUS CARACALLA.

Très-belle plante pour la pleine terre pendant l'été ; ses fleurs d'un blanc lilacé, en forme de vrille, la font estimer des amateurs.

Prix.................. fr.   1  »

### QUISQUALIS INDICA.

Admirable plante de l'Inde, peu connue.

Prix.................. fr.   10  »

### STEPHANOTIS FLORIBUNDA.

Très-belle plante de serre chaude, originaire de Madagascar, à fleurs blanches odorantes.   Prix.................. fr.   2  »

### TACSONIA VAN VOLXEMII.

Très-jolie plante à fleurs rouges.   Prix.................. fr.   2  »

### THUNBERGIA COCCINEA.

Très-ornementale.   Prix.................. fr.   1  »

### THUNBERGIA LAURIFOLIA.

Très-jolie espèce, à fleurs violettes ; très-florifère.

Prix.................. fr.   1  »

## ONZIÈME SECTION.

### Arbres et Plantes à fruits des tropiques.

---

#### ABRUS PRECATORIUS (Vatti).

Les feuilles infusées sont pectorales ; les semences, d'un rouge vif avec une tache noire à l'ombilic, servent, étant percées et enfilées en chapelets, à faire des chaînes qui se portent au cou ou sur la tête. Le bois est aussi nommé *Réglisse des Nègres*.

#### ACANTHOLOMA SPINOSA (Pomme Zombi).

Le fruit, très-vénéneux, est employé aux Antilles dans les fièvres rebelles.

#### ACHRAS BALOTA (Bois de Natte).

Arbre des Antilles dont les fruits, acidulés et alimentaires, sont nommés Sapotilles. Les feuilles, pilées et broyées avec du gingembre, sont employées contre les paralysies.

#### ACHRAS SAPOTA (Sapotillier).

Très-bel arbre des Antilles dont le fruit passe pour l'un des meilleurs des tropiques.

#### ACROCOMIA SPHÆROCARPA.

Palmier de l'Inde. On extrait de l'amande et de la pulpe du fruit une huile bonne à manger employée à l'éclairage et à la fabrication du savon.

#### ADANSONIA DIGITATA (Baobab).

Grand arbre du Sénégal. Le fruit, nommé *Pain de Singe*, renferme une pulpe acide et rafraîchissante avec laquelle on fait de la limonade ; les jeunes feuilles, séchées et réduites en poudre, constituent l'*Alo* des nègres, qui le mettent dans le potage pour modérer l'excès de la transpiration.

#### ÆGLE MARMELOS (Egle).

Arbre de l'Inde, dont le fruit délicieux est légèrement purgatif.

#### AGATOPHYLLUM AROMATICUM (Ravensara).

Arbre de Madagascar dont toutes les parties (excepté son bois qui est très-pesant) sont très-aromatiques. En Europe on fait un usage considérable de ses feuilles et de ses fruits.

#### AMOMUM GRANUM PARADISI (Poivre des Nègres).

Plante de l'Inde, dont les graines servent d'assaisonnement.

### ANACARDIUM OCCIDENTALE ( Acajou à pommes ).

Arbre de moyenne grandeur, de l'Amérique du Sud, dont le pédoncule charnu se mange en compote ; la noix contient une amande blanche dont le goût approche de celui de l'Aveline ; la coque qui l'enveloppe est remplie d'une huile caustique qui tache le linge d'une manière indélébile.

### ANONA CHERIMOLIA ( Cherimolier ).

Petit arbre du Pérou dont le fruit est, comme goût, l'un des plus estimés.

### ANONA NUCRICATA ( Carossol ).

Petit arbre des Antilles dont les fruits sont très-estimés.

### ANONA SQUAMOSA ( Cœur de bœuf ).

Petit arbre des Indes à fruits comestibles.

### ARAUCARIA IMBRICATA ( Pin du Chili ).

Grand arbre du Chili. Les amandes sont agréables à manger.

### ARECA CATECHU ( Arequier ).

Palmier dont le fruit entre dans une composition que les Indiens mâchent continuellement avec le bétel ; on se sert de sa noix pour rendre plus solides et plus brillantes les couleurs des draps teints.

### ARECA OLERACEA ( Chou palmiste ).

L'amande donne une huile bonne à manger ; le bourgeon non encore développé qui termine le stipe du chou palmiste est un mets très-délicat ; on en fait des Achars.

### ARENGA SACCHARIFERA ( Roudier ).

Grand palmier des Mollusques duquel on obtient, par incision, une liqueur qui, par l'évaporation, produit un sucre de la consistance du chocolat. On fait avec ses jeunes fruits de bonnes confitures.

### ARTOCARPUS INCISA ( Arbre à pain ).

Grand arbre des îles Mariannes, donnant des graines qui, réduites en farine, servent à faire du pain.

### ARTOCARPUS INTEGRIFOLIUS ( Jaquier des Indes ).

Grand arbre à fruits comestibles. Rôties comme des marrons, ses graines ont très-bon goût.                                                   Prix...... fr. 10 »

### AVERRHOA CARAMBOLA ( Carambolier ).

Ses fruits, acides et rafraîchissants, sont fébrifuges. On en compose un sirop très-estimé aux Antilles.

### BALANITES ÆGYPTIACA ( Datte du désert ).

Arbre fruitier d'Égypte. Le bois sert pour l'ébénisterie, le fruit est purgatif lorsqu'il n'est pas mûr, et alimentaire en parfaite maturité ; on peut en faire de eau-de-vie.                                                         Prix...... fr. 20 »

### BARRINGTONIA RACEMOSA (Eugenia).

Grand arbre du Malabar à fruit pyramidal.

### BARRINGTONIA SPECIOSA (Bonnet carré).

Arbre fruitier de l'Inde ; ses amandes donnent une huile bonne à brûler. Les matelots chinois mangent ses fruits ou les jettent dans l'eau pour enivrer le poisson.　　　　　　　　　　　　　　Prix...... fr.　20　»

### BERTHOLLETIA EXCELSA (Châtaignier du Brésil).

Grand arbre du Para, dont les gros fruits contiennent des graines comestibles. On en retire également une huile bonne à manger.

### BIXA ORELLANA (Roucouyer).

Petit arbre fruitier de la Guyane, donnant une belle teinture rouge employée dans les arts.　　　　　　　　　　　　　Prix...... fr.　5　»

### BOMBAX CEIBA (Fromager).

Grand arbre du Sénégal dont le tronc est employé à la construction des pirogues d'une seule pièce. Les graines sont enveloppées d'un duvet qui, ressemblant au coton, est employé pour la confection de chapeaux fins de castor, pour oreillers, etc.　　　　　　　　　　　Prix...... fr.　10　»

### CARICA CAULIFLORA (Papayer mâle).

Petit arbre de Caracas, à fruits de qualité médiocre.

### CARICA PAPAYA (Papayer).

Petit Arbre du Brésil à fruits comestibles ; le suc extrait de la pulpe est employé aux Antilles pour effacer les taches produites sur la peau par le soleil.
　　　　　　　　　　　　　Prix...... fr.　5　»

### CAROLINEA INSIGNIS (Châtaignier de la côte d'Espagne).

Bel arbre de Cayenne. Avec ses fruits verts, les indigènes font des *achars* ; ils mangent les feuilles et les fleurs dans leurs catalous.

### CAROLINEA PRINCEPS (Châtaignier de la Guyane).

Mêmes propriétés que le précédent.

### CARYOCAR BRASILIENSE.

Grand arbre du Brésil, à gros fruit, dont la chair fondante a la consistance du beurre.

### CARYOPHYLLUS AROMATICUS (Giroflier).

Arbre de moyenne grandeur des îles Molluques, produisant le clou de girofle du commerce. Confits au sucre, ses fruits sont digestifs et employés dans les voyages maritimes.

### CASSIA FISTULA (Casse du Mexique).

La pulpe du fruit de cet arbre est purgative.

### CELASTRUS EDULIS (Cât).

Arbrisseau de l'Arabie Heureuse dont le fruit, nommé *cât*, remplace le café. Les Arabes de l'Yemen mangent les feuilles comme excitant.

### CERATONIA SILIQUA (Caroubier).

Petit arbre d'Afrique ; on fait avec ses fruits des confitures.

Prix...... fr.   10   »

### CERBERA MANGHAS (Manglier vénéneux).

L'écorce de cet arbre est purgative, ses fruits sont vénéneux.

Prix...... fr.   5   »

### CERBERA THEVETIA (Noix de serpent).

Les fruits sont employés comme ornement par les habitants des Antilles.

Prix...... fr.   5   »

### CHAMÆROPS HUMILIS (Palmier sauvage d'Afrique).

Arbre textile dont les Arabes mangent les fruits.

### CHORISIA SPECIOSA.

Les Brésiliens retirent de l'enveloppe du fruit une ouate blanche qui sert à faire des coussins, traversins, etc.

### CHRYSOBOLANUS ICACO (Prune Icaque).

Arbre de l'Amérique méridionale dont le fruit est alimentaire.

### CHRYSOPHYLLUM CAÏNITO (Caïmitier).

Arbre fruitier des Antilles, dont l'écorce est fébrifuge.

### CHRYSOPHYLLUM MACROPHYLLUM (Jaune d'œuf).

Grand arbre des îles Philippines à fruits comestibles et à écorce fébrifuge.

### CICCA DISTICHA (Brignolier).

Bel arbre des Antilles dont le fruit, nommé *Cerise de Cythère*, produit un sirop fébrifuge très-estimé.

### COCCOLABA PUBESCENS (Raisinier).

Très-bel arbre des Antilles. Le fruit est alimentaire ; le bois, très-dur, est employé dans l'industrie.

### COCOS NUCIFERA (Cocotier).

Arbre produisant la noix de coco, renfermant avant son entière maturité un lait très-agréable à boire, et qui, fermenté, donne une boisson vineuse.

### COFFEA ARABICA (Caféier d'Arabie).

Arbrisseau d'Arabie produisant le café ordinaire.       Prix...... fr.   3   »

### COFFEA LAURINA.

Mêmes propriétés.

### COFFEA MAURITIANA (Caféier marron).

Arbrisseau de l'île Bourbon produisant le café marron.

### COCCULUS SUBEROSUS (Coques du Levant).

Le principe vénéneux contenu dans les fruits a été nommé *Picrotoxine*.

On suppose que les empoisonnements causés par le miel de l'Asie Mineure pourraient être dus à cette plante.          Prix...... fr.   10   »

### COOKIA PUNCTATA.

Arbre de la Chine dont les fruits comestibles ont l'acidité de la groseille et remplacent le citron dans l'Inde.

### CORDIA SEBESTENA (Bois rose).

Arbre des Indes orientales à fruits alimentaires; son bois est très-recherché dans les arts et l'ébénisterie.

### CORIARIA TINCTORIA.

Les baies sont employées pour la teinture en pourpre.

### CORYPHA UMBRACULIFERA (Talipo).

Grand palmier de l'Inde d'un très-beau port; on retire de ses fruits une très-bonne boisson.

### COUROUPITA GUYANENSIS (Boulet de canon).

Arbre de la Guyane dont le fruit acide a une odeur très-agréable.

                              Prix...... fr.   15   »

### CRESCENTIA CUJETE (Calebassier).

Arbre des Antilles. Avec ses fruits les naturels fabriquent toutes sortes d'ustensiles de ménage et objets de luxe sculptés.

### CYCAS CIRCINALIS.

Les Indiens mangent grillée l'amande du fruit: le tronc donne une moelle nutritive analogue au Sagou.

### CYCAS REVOLUTA.

Mêmes usages que le précédent.

### DATURA METELOÏDES.

Les fruits, nommés *Nèfles d'Inde*, *Noix de Méthel*, sont très-vénéneux.

### DETARIUM SENEGALENSIS.

Les nègres du Sénégal mangent ses fruits.          Prix...... fr.   5 50

### DILLENIA SPECIOSA.

Arbre fruitier du Malabar. On prépare avec le suc des baies et nos citrons des boissons acides.          Prix...... fr.   1   »

### DIOSPYROS DECANDRA.

Arbre de la Cochinchine à fruits alimentaires.

### DIOSPYROS EBENUM (Ébénier).

Le bois d'ébène est très-recherché pour la marqueterie ; il entre en partie dans la composition de la poudre à l'ambre ; le fruit est alimentaire dans l'Inde.

### DIOSPYROS EMBRYOPTERIS.

Arbre de moyenne grandeur des Indes orientales à fruits de la forme d'une pomme.

### DIPLOTHEMIUM LITTORALE (Coco du Cap).

Palmier du Brésil dont les fruits sont alimentaires comme les noisettes.

### DURIO ZIBETHINUS.

Arbre de l'Inde dont les fruits sont très-estimés.          Prix...... fr.   10   »

### EHRETIA TINIFOLIA (Gabrillet).

Les baies sont alimentaires à la Jamaïque.

### ELÆIS GUINEENSIS (Aouara de Guinée).

Palmier à fruits donnant une espèce de beurre de bon goût ; on le nomme, en Europe, *beurre de Galaam*, on en fait l'huile de palmier, qui est très-bonne à brûler.

### ERIODENDRON ANFRACTUOSUM.

Arbre de Java. Les habitants se servent du duvet enveloppant les fruits pour lits, coussins, etc. Le fruit est alimentaire.          Prix...... fr.   10   »

### EUCALYPTUS GLOBULUS.

Arbre fruitier de la Nouvelle-Hollande dont le bois, très-dur et liant, est très-employé dans les constructions navales.          Prix...... fr.   1   »

### EUGENIA MICHELLI (Pitanga).

Petit arbrisseau à fleurs blanches et à beaux fruits rouges assez agréables à manger.          Prix...... fr.   5   »

### EUPHORIA LONGANA (Longanier).

Bel arbre de l'Inde à fruits comestibles, connus sous le nom d'*OEil de Dragon*.

### FAGRÆA LANCEOLATA.

Arbrisseau de l'Inde à fruits en baies.          Prix...... fr.   5   »

### FAGRÆA LITTORALIS.

Mêmes propriétés.          Prix...... fr.   15   »

### FAGRÆA OBOVATA.

Arbrisseau des Indes orientales à fruits en baies.

### FAGRÆA TAHITIENSE.

Mêmes propriétés.          Prix...... fr.   15   »

### FICUS BENGALENSIS (Figuier du Bengale).

Arbre dont le fruit est alimentaire. Les Indiens font, avec ses branches, leurs temples ou pagodes.                    Prix...... fr.    2    »

### FLACOURTIA RAMONTCHI (Prune de Madagascar).

A l'Ile de France on emploie l'écorce en infusion contre la goutte ; on mange les fruits mûrs et on les confit lorsqu'ils sont encore verts.

### GARCINIA MANGOSTANA (Mangoustan).

Arbre de l'Inde dont on retire une teinture noire ; on mange ses fruits qui sont très-estimés.

### GARDENIA FLORIDA (Jasmin du Cap).

La pulpe du fruit teint en jaune safran. Les Tahitiennes font avec ses fruits des pendants d'oreilles.                    Prix...... fr.    1    »

### GENIPA AMERICANA (Genipayer).

Avec le suc de ses fruits, celui de la pomme d'acajou et d'ananas, on fait une boisson vineuse assez bonne.

### GEOFFRÆA RACEMOSA (Angeline).

Le fruit, vermifuge, a été employé avec succès contre le ténia.

### GUAREA TRICHILIOÏDES (Bois rouge).

Bel arbre du Brésil à fruits purgatifs.

### GUILANDINA BONDUC (Caniquier).

La graine, nommée *codoque*, est amère et vomitive.

### GUILANDINA BONDUCELLA (Crête de Paon).

A Madagascar on fait avec ses graines des breloques de montres ; l'écorce et la graine sont fébrifuges.

### HERITIERA LITTORALIS.

Arbre dont la racine est employée dans la teinture en Amérique ; ses fruits sont comestibles à Ceylan.

### HERNANDIA OVIGERA (Porte-œufs).

Arbre d'Orient dont les fruits sont purgatifs.

### HERNANDIA SONORA.

Arbre de moyenne grandeur ; ses fruits, usités à Java, sont purgatifs.
                   Prix...... fr.    10    »

### HURA CREPITANS (Sablier).

Arbre des Antilles. Les amandes de ses fruits sont purgatives.

### HYMENÆA COURBARIL (Courbaril).

Les Indiens mangent la pulpe farineuse du fruit, et en font, par la fermentation, une sorte de bière. Cet arbre donne aussi la gomme ou résine *animée* d'Amérique.                    Prix...... fr.    5    »

### ILLICIUM RELIGIOSUM (Anis étoilé).

Petit arbre du Japon dont les fruits servent à faire des liqueurs.

### JAMBOSA MALACCENSIS (Rose de Malacca).

Grand arbre de l'Inde dont les fruits sont très-rafraîchissants.

### JAMBOSA VULGARIS (Pomme rose).

Arbre des Antilles, à belles fleurs, dont les fruits jaunes sont mangeables et ont l'odeur de la rose.                     Prix...... fr.   3   »

### JATROPHA CURCAS (Médicinier).

La graine, nommée *Noix des Barbades*, est purgative ; on retire de la racine une teinture violette et une huile qui sert à l'éclairage.

### JUBÆA SPECTABILIS (Barigondo).

Très-beau palmier du Chili dont les fruits sont alimentaires.

### LABATIA MACROCARPA.

Arbre du Rio-Negro, à très-gros fruits d'une saveur exquise.

### LAPAGERIA ROSEA.

Les baies sont alimentaires au Chili.

### LATANIA RUBRA (Latanier rouge).

Palmier originaire de l'Ile de France. La pulpe de son fruit est succulente.

### LECYTHIS OLLARIA (Marmite de Singe).

Arbre de la Guyane dont on mange les amandes des fruits ; on fait, avec les capsules, de jolis ouvrages de marqueterie.

### LIMONIA TRIFOLIATA (Limonier).

Aux Indes, on mange les fruits acides et on les confit au sucre.
                     Prix...... fr.   5   »

### LUCUMA CAIMITO.

Arbre du Rio-Negro dont les fruits sont alimentaires.

### LUCUMA CANISTE.

Fruit de la forme du Mango Tabasco.

### LUCUMA DELICIOSA.

Arbre de la Nouvelle-Grenade dont les fruits sont très-estimés.

### MANGIFERA INDICA (Manguier).

Le fruit nommé *Mangue* se mange cru ou trempé dans le vin ; on en confit beaucoup au sucre et au vinaigre.

Au Malabar, les bûchers destinés aux sacrifices des grands personnages sont faits avec ce bois.

### MANGIFERA PINNATA (Manguier à grappes).

Les nègres du Malabar mangent la pulpe du fruit.       Prix......, fr.  15  »

### MELIA AZEDARACH (Lilas des Indes).

Arbre des Antilles dont le fruit donne une huile bonne à brûler et est employée pour la peinture ; les noyaux servent à faire des chapelets.

### MELICOCCA OLIVÆFORMIS.

Arbre de la Nouvelle-Grenade dont les fruits sont comestibles.

### MIMUSOPS CYANOCARPA.

Arbre fruitier de l'Inde.

### MONODORA GRANDIFLORA.

Le Muscadier de Guinée.

### MUSA ENSETTE (Grand Bananier d'Abyssinie).

Le bourgeon, étant cuit, est alimentaire.

### MUSA PARADISIACA (Pomme du Paradis).

Prix...... fr.   5  »

### MUSA SAPIENTUM (Figue Banane).

Prix...... fr.   5  »

### MUSA SINENSIS.

Espèce productive dont les fruits sont très-beaux.       Prix...... fr.  10  »

### MUSA TEXTILIS (Abacca).

Avec les fibres, on fait à Manille des tissus, des plumets, etc.

Prix...... fr.  15  »

### MYRISTICA MOSCATA (Muscadier).

Arbre des Molusques produisant la Noix de muscade du commerce.

### NANDINA DOMESTICA.

Arbre du Japon dont les baies sont rafraîchissantes.

### NYMPHÆA CŒRULEA.

Plante aromatique d'Égypte : on fait, avec ses graines torréfiées, de la farine bonne à manger.

### ŒNOCARPUS MINOR.

On retire du fruit de ce palmier une liqueur agréable.

### OLEA EMARGINATA (Olivier).

Arbre de Madagascar ; on fait avec ses fruits l'huile d'olive qui sert pour la table et la pharmacie.

### OREODOXA REGIA (Palmier royal).

Palmier de l'île de Cuba, à fruits alimentaires.

### PARINARIUM EXCELSUM.

Les nègres de la Sénégambie mangent les amandes de ses fruits.

### PASSIFLORA CŒRULEA (Fleur de la Passion).

Plante grimpante originaire du Brésil dont on mange le fruit en Italie et en Provence. On en fait une limonade très-recherchée.          Prix...... fr.    » 50

### PASSIFLORA EDULIS (Grenadille comestible).

Arbrisseau grimpant dont le fruit est comestible.          Prix...... fr.    1    »

### PASSIFLORA MACROCARPA.

Arbrisseau grimpant à gros fruit.          Prix...... fr.    3    »

### PASSIFLORA QUADRANGULARIS (Barbadine).

Arbrisseau grimpant des Antilles dont la racine est vénéneuse et le fruit alimentaire.

### PERSEA GRATISSIMA (Avocatier).

Arbre des Antilles. Ses fruits, nommés *Poires d'avocat*, sont très-recherchés; le lait de l'amande sert pour marquer le linge d'une manière indélébile.

### PERSEA GITOTOLENSIS.

L'Avocatier à gros fruit.

### PHŒNIX DACTYLIFERA (Dattier).

Palmier dont le fruit, nommé *Datte*, est très-bon à manger. Les Arabes en font un sirop remplaçant le beurre de nos pays; on en retire de l'alcool au moyen de la distillation.

### PHYTELEPHAS MACROCARPA (Ivoire végétal).

Le suc du fruit, d'abord assez désagréable, se convertit à sa maturité en une liqueur laiteuse, savoureuse et susceptible de subir la fermentation alcoolique.

### PLATONIA BACURY-AÇU.

Arbre du Rio-Purus, à fruit exquis.

### PLUMIERA ALBA (Bois de lait).

### PLUMIERA RUBRA (Franchipanier).

Ses fruits mûrs sont alimentaires aux Antilles.

### PSIDIUM CATLEYANUM (Goyavier).

Arbre de la Chine dont les fruits sont alimentaires.

### PSIDIUM POLYCARPUM.

          Prix...... fr.    5    »

### PSIDIUM POMIFERUM (Goyavier rouge).

Petit arbre de l'Inde. Le fruit, nommé *Goyave*, se mange cru ou cuit; on en fait de bonnes gelées et confitures.

### PSIDIUM PYRIFERUM (Goyavier blanc).

Petit arbre de l'Amérique méridionale dont les fruits sont mangeables.

### POINCIANA PULCHERRIMA (Flamboyant).

Grand arbre d'Amérique. Ses feuilles sont purgatives; les gousses, qui atteignent jusqu'à 60 c. de longueur, servent à tanner le cuir.

### QUADRIA HETEROPHYLLA (Châtaignier du Chili).

Petit arbre du Chili dont on mange l'amande du fruit.

### RHUS SUCCEDANEUM.

Arbre du Japon. Ses semences produisent l'huile solide avec laquelle on fait des chandelles et un vernis employés au Japon.

### RICINUS RUTILANS (Ricin).

Plante de l'Inde. De ses semences on retire l'huile de ricin.

### SAPINDUS SAPONARIA (Savonnier).

Arbre de l'Inde. Ses ruits, nommés *pommes de savon*, servent aux Antilles pour blanchir le linge; le suc visqueux de ses fruits a été employé contre les hémorrhagies.      Prix...... fr.  10  »

### SAPINDUS SENEGALENSE (Cerisier du Sénégal).

Arbre du Sénégal dont le fruit est comestible. Les nègres croient l'amande du fruit vénéneuse.      Prix...... fr.  10  »

### SCHINUS MOLLE (Poivrier des Espagnols).

Sécrète la résine dite *Résine de mollé*, employée au Pérou ainsi que l'écorce pour fortifier les gencives. Son fruit produit une boisson vineuse qui se convertit promptement en vinaigre.

### SOLANUM QUITŒNSE.

Les Indiens mangent son fruit, nommé *Orange de Quito*.      Prix...... fr.  1  »

### SPONDIAS MOMBIN (Prune de Mombin).

Son fruit, nommé *prune de la Jamaïque* ou de *Mombin*, est alimentaire; on en fait des marmelades, etc.

### SPONDIAS TUBEROSA.

Mêmes propriétés.

### STERCULIA ACUMINATA (Kola ou Gourou).

Arbre dont le fruit, très-bon à manger, sert de monnaie dans certaines contrées de l'Afrique septentrionale.      Prix...... fr.  6  »

### STERCULIA FŒTIDA (Bois puant).

Arbre des îles Molluques. On retire de ses semences une huile bonne à manger et à brûler.      Prix...... fr.  15  »

### STILLINGIA SEBIFERA (Arbre à suif).

Arbre de l'Inde dont les coques et les graines donnent du suif remplaçant l'axonge pour les usages médicaux, et avec lequel on fait aussi des chandelles.

Prix...... fr.   5  »

### STRAVADIUM INSIGNE (voir Barringtonia racemosa).

### STRYCHNOS NUX-VOMICA (Noix vomique).

Arbre de l'Inde. On extrait du fruit l'acide *Igasurique* et la *Strychnine*, qui sont usités dans les paralysies (violents poisons qu'on ne doit employer qu'avec beaucoup de prudence).

### SWIETENIA MAHOGONI (Bois d'acajou).

Très-bel arbre des Antilles ; on retire de ses fruits une huile dite *de Caraba* ; le bois, sans aubier, est susceptible d'un beau poli ; le plus coloré se nomme *acajou mâle*, et le plus pâle *acajou femelle*.

### TAMARINDUS INDICA (Tamarinier).

Les Arabes font confire dans le sucre les gousses mûres des Tamarins, qui leur servent d'aliment en voyage. Dans l'Inde, les Hollandais en font une sorte de bière.                          Prix...... fr.   3  »

### THEOBROMA CACAO (Cacaoier).

Arbre de l'Amérique méridionale. Ses graines, nommées *Cacao*, sont la base du chocolat.

### THIBAUDIA PUBESCENS.

Arbrisseau de l'Inde à fruits acides.          Prix...... fr.   3  »

### VISNERA MOCANERA (Mocan).

Aux Canaries, le fruit séché, réduit en poudre et délayé dans l'eau ou le lait, remplace le miel pour certaines maladies.

# DOUZIÈME SECTION.

## Plantes médicinales, industrielles et historiques des tropiques.

### ABROMA AUGUSTA.

Arbrisseau textile de l'Inde, utilisé à la fabrication de la toile et des cordages.

Prix...... fr.   2   »

### ACACIA LEBBEK (Bois noir).

Arbre de l'Inde fournissant de la gomme arabique ; son bois est très-recherché dans l'ébénisterie.

### ACANTHUS MOLLIS (Acanthe).

Les feuilles de cette plante sont célèbres dans l'histoire des beaux-arts comme ayant servi de modèle dans les ornements des chapiteaux des colonnes corinthiennes.

Prix...... fr.   1   »

### ACANTHUS SPINOSUS.

Ses feuilles sont souvent représentées dans l'architecture gothique.

Prix...... fr.   1   »

### ACROSTICHUM ALCICORNE (Corne de cerf).

A la Nouvelle-Zélande, on forme avec les racines, réduites en poudre, un pain grossier employé en temps de disette.

Prix...... fr.   2   »

### AGAVE AMERICANA (Pitre).

Les Américains font avec cette plante des haies épineuses ; les feuilles produisent une filasse qui sert à faire les tapis, la toile, le papier, etc.

On extrait de la hampe florale une liqueur très-enivrante, connue sous le nom de *Todi*.

Prix...... fr.   1   »

### ARGEMONE MEXICANA.

Belle plante du Mexique donnant une résine employée dans la médecine.

### ALISMA PLANTAGO (Plantain d'eau).

Les Kalmoucks mangent les tubercules, on extrait de sa racine une poudre employée contre la rage.

Prix...... fr.   » 50

### ALOE SOCCOTORINA (Soccotrin).

Plante du Cap dont on retire la gomme de soccotorin employée dans la médecine.

### ALOYSIA CITRIODORA (Verveine odorante).

Au Pérou, ses feuilles remplacent le thé, et sont employées pour les crèmes en guise de citron. Prix...... fr. 1 »

### AMOMUM ZINGIBER (Gingembre).

La racine de cette plante est excitante ; on l'emploie dans la parfumerie pour la composition de la poudre de mousseline des Indes. Prix...... fr. 1 »

### ANDROPOGON SQUARROSUM (Vétiver).

Belle graminée dont on retire le vétiver que les Indiens prennent en infusion contre la fièvre et les rhumatismes ; elle est aussi employée dans la parfumerie.
Prix...... fr. 1 »

### ANGELONIA SALICARIOÏDES.

Cette plante, à Caracas, remplace la violette. Prix...... fr. » 75

### APOCYNUM ANDROSÆMIFOLIUM (Attrape mouche).

Cette plante est vénéneuse ; sa racine, vomitive, est employée par les Américains.

### ARALIA PAPYRIFERA.

Avec la moelle de cet arbre on prépare le papier velouté de Chine.
Prix...... fr. 3 »

### ARISTOLOCHIA CORDIFOLIA.

Arbrisseau grimpant de l'Amérique du Sud, dont la racine est employée contre la morsure des serpents. Prix...... fr. 3 »

### ARTABOTRYS ODORATISSIMA.

Les Javanais emploient ses feuilles en infusion théiforme contre le choléra.
Prix...... fr. 25 »

### ASCLEPIAS CURASSAVICA (Faux ipécacuanha).

La racine de cette plante est émétique et remplace l'ipécacuanha aux Antilles.
Prix...... fr. 1 »

### ATTALEA COMPTA.

Avec les feuilles de ce palmier les Brésiliens tressent des bonnets, des paniers, des nattes, etc.

### ATTALEA FUNIFERA (Pyaçaba).

Les fibres des pétales et des spathes de ce palmier servent au Brésil pour fabriquer des câbles très-solides et faire des balais.

### BAMBUSA ARUNDINACEA (Bambou des Indes).

On extrait des nœuds de la tige de ce bambou un suc brut nommé *tabaxir*, qui, par la fermentation, donne une liqueur alcoolique nommée *arak*.

### BIGNONIA STANS (Bois pissenlit).

Sa racine est employée comme diurétique aux Antilles.
Prix...... fr. 1 »

### BOCCONIA FRUTESCENS.

Arbrisseau des Antilles donnant un suc qui DÉTARGE les ulcères.

Prix...... fr.    3    »

### BOMBAX MALABARICA (Fromager du Malabar).

Arbre du Malabar. Sa racine est vomitive.

### BOWDITCHIA CAOBANO (Bois de Caoba).

### BROSIMUM UTILE (Arbre à vache).

Très-bel arbre de Caracas dont on retire par incision un lait avec lequel les habitants se nourrissent ; ils le nomment lait végétal.

### CÆSALPINIA ECHINATA (Bois de Fernambouc).

Arbre de l'Amérique méridionale. Son bois est très-employé dans la teinture rouge fausse.

### CALAMUS ROTANG.

Palmier de l'Inde dont le bois sert à faire de longues piques.

### CALLITRIS QUADRIVALVIS.

Arbre de Barbarie produisant la sandaraque ou gomme de Genévrier.

### CALOPHYLLUM LIMONCILLO.

Arbre de la Nouvelle-Grenade dont le bois est très-employé dans les arts.

### CARAPA TOULOUCOUNA.

Arbre magnifique de la Guinée, duquel on retire l'huile de Touloucouna employée, sur les bords de la Casamence, dans les arts et à l'éclairage.

### CARLUDOVICA PALMATA.

C'est avec les feuilles de cette plante que se confectionnent les chapeaux de Panama.                                Prix...... fr.   10    »

### CARYOTA URENS.

Palmier de l'Inde. On fait avec sa moelle une farine semblable à celle du Sagou, mais moins agréable ; on en retire aussi du vin de palme.

### CASCARILLA GRANDIFLORA.

### CASSIA ALATA (Bois puant).

Donne un onguent employé dans l'Amérique méridionale contre les dartres.

### CASSIA CHAMÆACRISTA.

Ses feuilles sont purgatives et utilisées dans l'Amérique du Sud.

Prix...... fr.    2    »

### CASTILLOA ELASTICA.

Grand arbre duquel on retire le caoutchouc exporté du Mexique.

### CECROPIA PALMATA (Bois canon).

Arbre de l'Amérique méridionale, dont les branches creuses servaient de trompette aux anciens Caraïbes pour appeler le peuple à la prière ou au combat.

Prix...... fr.   5   »

### CEDRELA ODORATA (Bois de Cèdre).

Arbre des Antilles. Son bois sert à faire les boîtes à cigares.

### CEPHÆLIS IPECACUANHA (Ipécacuanha).

Sa racine, connue sous le nom d'*Ipécacuanha du Brésil*, est fréquemment employée dans la médecine ; le principe actif se nomme *émétine*.

### CEPHALANTHUS OCCIDENTALIS (Bois bouton).

Est employé aux Antilles contre les maladies de la peau et les affections vénériennes ; on retire de ses feuilles une teinture jaune.

### CEROXYLON ANDICOLA (Palmier à cire).

Palmier de l'Amérique occidentale. En incisant le tronc on obtient, ainsi que de ses feuilles, une cire dite cire végétale.

### CHEIROSTEMON PLATANOÏDES (Arbre à main).

Ses fleurs sont employées contre l'épilepsie.

### CHIOCOCCA RACEMOSA (Chèvrefeuille des Antilles).

Donne la racine dite de *Cainca*.

### CINCHONA CALISAYA.

Produit le Quinquina royal.

### CINCHONA FLORIBUNDA (voir Exostemma floribunda).

### CINCHONA NOBILIS.

### CINCHONA TUCUJENSIS.

### CINNAMOMUM DULCE.

La Cannelle douce du commerce.

### CINNAMOMUM SERICEUM.

Le Cannelier soyeux.

### CINNAMOMUM ZEYLANICUM (Cannelier de Ceylan).

Prix...... fr.   5   »

### CINNAMOMUM VERUM.

Le vrai Cannelier.                    Prix...... fr.   2   »

### CITHAREXYLON QUADRANGULARE (Bois à guitare).

Petit arbre de la Guadeloupe dont le bois sert à faire les guitares.

Prix...... fr.   5   »

### CITROSMA LINDENI.

Arbuste très-aromatique.

### CLITORIA TERNATA.

Avec les fleurs de cette plante les Indiens teignent le riz en bleu.

### COCCOLOBA ACUMINATA.

### COLOCASIA NYMPHÆFOLIA.

Les feuilles servent, au Malabar, à envelopper, pour les ranimer, les membres paralysés.       Prix...... fr.   3   »

### CONDAMINEA MACROPHYLLA.

Arbre de la Nouvelle-Grenade dont l'écorce est fébrifuge.
         Prix...... fr.   10   »

### COPAIFERA OFFICINALIS.

Petit arbre du Brésil. On obtient par l'incision du tronc une résine fluide, connue sous le nom de *Baume de Copahu.*

### COSSIGNYA BORBONICA (Bois de fer de Judas).

Très-bel arbre de l'île Bourbon dont le bois, très-dur, sert à différents usages.
         Prix...... fr.   30   »

### COSTUS SPECIOSUS.

Cette plante fournit la racine de *Costus.*    Prix...... fr.   1   »

### CRESCENTIA REGALIS.

### CROTON CASCARILLA (Cascarille).

Son écorce donne une belle teinture noire employée au Mexique.
         Prix...... fr.   3   »

### CROTON TOMENTOSUM.

### CROTON VARIEGATUM (Arbre de l'indépendance).

Arbrisseau de l'Inde. Sa racine procure un purgatif violent.
         Prix...... fr.   1 50

### CYPERUS PAPYRUS.

Plante originaire des bords du Nil, avec laquelle les anciens faisaient du papier.
         Prix...... fr.   2   »

### DICTAMUS ALBUS.

Les feuilles remplacent le thé en Sibérie.

### DIEFFENBACCHIA SEGUINE (Canne marronnée).

Plante des Antilles renfermant un suc caustique et vénéneux.

### DORSTENIA CAULESCENS.

Cette plante remplace la pariétaire en Amérique.

### DORSTENIA CONTRA-YERVA (Herbe aux serpents).

Plante du Pérou employée contre la morsure des serpents.

Prix..... fr.    2 »

### DRACÆNA DRACO (Dragonnier).

Produit la racine *sang-dragon* des Indes.

### DRACÆNA TERMINALIS.

Arbre de l'Inde duquel on retire la racine de *Tii*.    Prix...... fr.    3 »

### DRYMIS WINTERI (Écorce de Winter).

Arbre du Chili, qui produit la gomme résine ou *Alouchi*.

### ERYTHROXYLON MACROPHYLLUM.

Arbre du Pérou. Les indigènes mâchent les feuilles en voyage afin de rester plusieurs jours sans nourriture ni sommeil.

### EUTERPE EDULIS.

Palmier dont on mange les jeunes feuilles.    Prix...... fr.    2 »

### EXOSTEMMA ERUBESCENS.

### EXOSTEMMA FLORIBUNDA (Quinquina Badier).

Petit arbre des Antilles produisant le *quinquina Piton*.

### FICUS RELIGIOSA (Arbre des Pagodes).

Arbre du diable , arbre des conseils, bogon. Cet arbre est vénéré dans l'Inde orientale.    Prix...... fr.    3 »

### FRANCOA APPENDICULATA.

Arbre du Chili dont le suc peut servir d'encre.

### GALACTODENDRON UTILE (V. Brosimum utile).

### CALIPEA ODORATISSIMA.

Arbrisseau aromatique de l'Amérique tropicale.

### GOSSYPIUM HERBACEUM (Cotonnier herbacé).

Plante de l'Inde orientale. produisant le coton.    Prix...... fr.    3 »

### GOSSYPIUM PURPUREM (Cotonnier pourpre).

Sous-arbrisseau de l'Amérique du Sud.    Prix...... fr.    3 »

### GUAIACUM SANCTUM (Gayac).

Arbre des Antilles produisant la résine de *Gayac*: son bois, qui est très-dur, est employé pour les ouvrages de marqueterie.

### GUNNERA SCABRA.

Plante dont on mange les pétioles au Chili. La décoction de ses feuilles est très-rafraîchissante.    Prix...... fr.    2 »

### HÆMATOXYLON CAMPECHIANUM (Bois de campêche).

Grand arbre des Antilles, à bois tinctorial très-employé dans le commerce.

### HEDYOSMUM GRANIZO.

### HIPPOMANE BIGLANDULOSA (Glu d'Amérique).

Arbre duquel on retire un suc visqueux analogue au caoutchouc, et qui est vénéneux ; semblable à la glu, il sert à prendre les oiseaux dans l'Amérique méridionale.

### HIPPOMANE MANCINELLA (Mancenillier des Indes).

Arbre de l'Inde, ayant plusieurs propriétés dangereuses.

### INDIGOFERA INDICA (Indigotier).

Plante de l'Inde. On extrait de ses tiges et de ses feuilles l'indigo du commerce.

Prix...... fr.    1    »

### JACARANDA CAROBA (Carobier).

Joli arbrisseau du Brésil dont l'écorce est employée dans le traitement des maladies syphilitiques.

### JANIPHA MANIHOT (Manihot).

Arbrisseau de l'Amérique méridionale. Son tubercule produit une fécule jaunâtre.

### JASMINIUM SAMBAC (Grand duc de Toscane).

Plante de l'Inde dont les fleurs servent à aromatiser le thé.

Prix...... fr.    1    »

### JATROPHA URENS.

Arbre de Cumana dont le suc est vénéneux.

### KÆMPFERIA GALANGA (Faux Galanga).

Plante de l'Inde. Sa racine est employée comme celle du Galanga.

### LAURUS CAMPHORA (Camphrier).

Arbre du Japon dont on extrait le camphre.          Prix...... fr.    2    »

### LEONOTIS LEONURUS.

Arbrisseau du Cap, très-estimé dans les bains contre les douleurs et les contractions.          Prix...... fr.    1    »

### LEPTOSPERMUM FLAVESCENS.

Le thé de la Nouvelle-Hollande.

### MACHERIUM FIRMUM.

Le bois de palissandre.

### MAMMEA AMERICANA (Abricotier de Saint-Domingue).

On obtient par l'incision du tronc de cet arbre une gomme nommée résine *Mamei*, que les nègres emploient pour détruire les insectes qui s'introduisent sous leurs pieds.

## MELIANTHUS MAJOR.

Les Hottentots sucent le miel qui découle de ses fleurs pour se fortifier et se rafraîchir.                              Prix...... fr.    2  »

## MIKANIA SPECIOSA.

Antidote contre la morsure des serpents.          Prix...... fr.    1  »

## MORINDA CITRIFOLIA.

Arbre de l'Inde dont on retire une belle teinture rouge.

## MURRAYA EXOTICA (Bois de Chine).

Ses fleurs teignent en noir ; son bois est très-recherché.
                                       Prix...... fr.    2  »

## MYRCIA PIMENTOÏDES (Tout épice).

Bel arbre des Antilles dont les feuilles, très-aromatiques, sont employées pour la cuisine.

## MYROXYLON PEREIRA (Baumier).

Arbre de la Nouvelle-Grenade, produisant une huile très-odoriférante.

## NEPENTHES DISTILLATORIA.

Plante des Moluques. Ses feuilles, terminées en *acydies* ou godets, contiennent de l'eau qui sert à désaltérer le voyageur.

## OPHIOPOGON JAPONICUM (Muguet).

Les oignons de cette plante, confits avec du sucre, sont employés chez les Japonais et les Chinois dans le traitement de différentes maladies.
                                       Prix....... fr.    1  »

## OREODOXA SANCONA.

A Carthagène, le bois de ce palmier est très-employé dans les constructions.

## PANAX FRUTICOSA.

Arbre de la Chine. Ses feuilles et ses racines sont employées contre les fièvres.

## PANDAMUS UTILIS (Vaquois).

Arbre de Madagascar. On fait avec ses feuilles, divisées en lanières, des sacs qui servent à transporter le café en Europe.

Un bouquet de ses fleurs suffit pour parfumer une chambre tout entière pendant un mois.                         Prix. .... fr.    2  »

## PARKINSONIA ACULEATA.

On emploie aux Antilles ses fleurs, ses feuilles et son écorce en infusion ou en bains, comme fébrifuges.          Prix...... fr.    3  »

## PAVETTA INDICA (Pavette).

Arbre dont les racines sont employées au Malabar contre l'épilepsie.

## PEPEROMIA MACULOSA.

Plante des Antilles ; son suc, gommo-résineux, s'administre à Saint-Domingue comme sternutatoire.

### PETIVERIA ALLIACEA (Herbe aux poules).

Sa racine, appelée *racine de Pipi*, est utilisée au Brésil pour éloigner les insectes des étoffes.                                        Prix.... . fr.    5  »

### PHYLLANTHUS TITHYMALOIDES (Ipécacuanha bâtard).

Cette plante, fraîche, est vénéneuse ; sèche, elle est purgative.

### PHYSOSTIGMA VENOSUM.

Produit la terrible fève de Calabar.

### PICRÆNA EXCELSA.

### PIPER BETEL (Bétel des Malais).

Les Indiens mêlent ses feuilles avec de la chaux éteinte pour constituer le Bétel, dont ils se servent à chaque instant du jour comme masticatoire et digestif.
                                        Prix...... fr    3  »

### PIPER CUBEBA (Poivre cubèbe).

Le Cubèbe est employé aux Indes contre la migraine et les fièvres intermittentes.
                                        Prix...... fr.    3  »

### PIPER NIGRUM (Poivre noir).

Les peuples de l'Amérique méridionale composent avec cette plante des boissons fermentées qu'ils trouvent délicieuses.        Prix...... fr.    3  »

### PLUMIERA ALBA (Franchipanier).

Petit arbre de la Jamaïque dont le suc tache et brûle tout ce qu'il touche ; on l'emploie contre diverses maladies de la peau.

### POGOSTEMON PATCHOULI (Patchouli).

Plante des Indes ; ses feuilles donnent une essence très-estimée dans la parfumerie.                                        Prix...... fr.    1  »

### POINSETTIA PULCHERRIMA.

Arbuste du Mexique.                        Prix...... fr.    3  »

### POLYGALA GRANDIFLORA (Seneka).

Sa racine est employée en Amérique contre la morsure des serpents à sonnettes ; la *Polygaline* est le principe actif de cette racine.        Prix...... fr.    1  »

### POLYMNIA EDULIS.

Plante d'Amérique dont la souche est comestible.        Prix...... fr.    1  »

### PORLIERA HYGROMETRICA.

Arbrisseau du Pérou dont les feuilles sont hygrométriques.

### POTHOS CANNŒFOLIA.

Plante de Cumana exhalant une odeur de vanille.

### QUASSIA AMARA (Bois amer).

Son écorce et sa racine sont antidyssentériques; le principe actif est la *Quassine*.

### RAVENALA MADAGASCARIENSIS (Arbre du voyageur).

Plante utile et remarquable par la conformation de la gaîne du pétiole, formant de petits bassins alimentés par l'eau de pluie, que le voyageur est heureux de trouver pour se désaltérer.

### ROTTLERA TINCTORIA.

Aux Indes orientales on se sert de sa racine, traitée par le sel d'étain, pour teindre la soie et le coton.                    Prix...... fr.   10  »

### SACCHARUM OFFICINARUM.

La canne à sucre ordinaire.                    Prix...... fr.   2  »

### SACCHARUM OTAHITENSE.

La canne à sucre d'Haïti.                    Prix...... fr.   5  »

### SACCHARUM VIOLACEUM (Canne à sucre violette).

Produit le suc dit des Iles, dont les usages sont si connus ; le caramel ou sucre altéré par le feu se donne comme adoucissant contre les rhumes.

Prix...... fr.   3  »

### SAGUS VINIFERA (Bourdon).

Palmier de Sierra-Leone dont on retire une liqueur fermentée analogue au vin de palme, mais plus forte et plus colorée.

### SAPOTA MULLERII.

Gutta-percha de la Guyane.

### SIPHONIA ELASTICA (Arbre à seringue).

Arbre de la Guyane produisant le caoutchouc, ou gomme élastique employée pour rendre les tissus imperméables. On en fait des chaussures qui se mettent par-dessus les chaussures ordinaires afin de se préserver du froid et de l'humidité.

### SMILAX SALSEPARILLA (Salsepareille).

Les principes particuliers de cette plante sont la *Parigline* et la *Smilacine*. Sa racine est un sudorifique puissant.                    Prix...... fr.   1  »

### SPARMANNIA AFRICANA.

Arbrisseau du Cap dont les fleurs sont pectorales.      Prix...... fr.   1  »

### SOLANUM ANTROPOPHAGORUM.

Les anthropophages emploient cette plante pour attendrir les viandes coriaces.

Prix...... fr.   1  »

### STADMANNIA AUSTRALIS.

Arbre majestueux, connu sous le nom de *bois de fer* de la Nouvelle-Hollande.

Prix...... fr.   8  »

### TACCA PINNATIFIDA.

Plante des Indes orientales. On retire de sa racine une fécule très-estimée et connue sous le nom d'*Arow-root*.

### TASMANNIA AROMATICA.

Arbre aromatique de la Nouvelle-Hollande.

### TECOMA STANS (*V.* Bignonia stans).

### TECTONA GRANDIS (Bois de Tek).

Arbre de l'Inde. Son bois, nommé *bois puant*, est employé pour les constructions navales.

### TERMINALIA ANGUSTIFOLIA (Faux Benjoin).

Bel arbre des îles de la Réunion produisant une résine odoriférante. Avec son tronc les indigènes font des pyrogues.

### THEA VIRIDIS (Thé vert).

Ses feuilles, en infusion, sont excitantes et diurétiques. Prix...... fr.   2   »

### THESPESIA POPULNEA.

Arbre de Calcutta. Par la décoction de l'écorce, ainsi que du suc propre, on obtient un médicament employé contre les maladies de la peau.

Prix...... fr.   5   »

### VANILLA AROMATICA (Vanillier).

Plante grimpante de l'Amérique méridionale dont les gousses, nommées *gousses de vanille*, sont fréquemment employées dans l'art culinaire.

Prix...... fr.   5   »

### VERBENA TRIPHYLLA (*V.* Aloysia citriodora).

### VETIVERIA ODORATISSIMA (*V.* Andropogon squarrosum).

### WINTERA AROMATICA (*V.* Drymis winteri).

### WINTERA LANCEOLATA (*V.* Tasmannia aromatica).

### XANTHOCHYMUS TINCTORIUS (Faux Mangoustan).

Arbre de l'Inde dont le suc propre est employé pour la teinture.

### ZYGOPHYLLUM ARBOREUM.

Arbre de l'Amérique méridionale dont le bois très-dur peut remplacer le Gayac.

# TABLE ALPHABÉTIQUE

DES GENRES COMPRIS DANS LE CATALOGUE No 2.

Paris. — Imprimerie Félix MALTESTE et Cie, rue des Deux-Portes-St-Sauveur, 22.

PARIS. — IMP. FÉLIX MALTESTE ET Cie

rue des Deux-Portes-St-Sauveur, 22.

www.ingramcontent.com/pod-product-compliance
Ingram Content Group UK Ltd.
Pitfield, Milton Keynes, MK11 3LW, UK
UKHW031831170726
13836UKWH00004B/1614